Nikolay Barashkov
Tamara Sakhno
Irina Irgibayeva

Tecnologias sem flúor resistentes à água para tecidos sintéticos

Nikolay Barashkov
Tamara Sakhno
Irina Irgibayeva

Tecnologias sem flúor resistentes à água para tecidos sintéticos

ScienciaScripts

Imprint
Any brand names and product names mentioned in this book are subject to trademark, brand or patent protection and are trademarks or registered trademarks of their respective holders. The use of brand names, product names, common names, trade names, product descriptions etc. even without a particular marking in this work is in no way to be construed to mean that such names may be regarded as unrestricted in respect of trademark and brand protection legislation and could thus be used by anyone.

Cover image: www.ingimage.com

This book is a translation from the original published under ISBN 978-3-639-71581-1.

Publisher:
Sciencia Scripts
is a trademark of
Dodo Books Indian Ocean Ltd. and OmniScriptum S.R.L publishing group

120 High Road, East Finchley, London, N2 9ED, United Kingdom
Str. Armeneasca 28/1, office 1, Chisinau MD-2012, Republic of Moldova, Europe
Managing Directors: Ieva Konstantinova, Victoria Ursu
info@omniscriptum.com

Printed at: see last page
ISBN: 978-620-8-51671-0

Índice

RESUMO

Os autores assinalaram as desvantagens dos revestimentos de poli(acrilatos de fluoroalquilo) bem conhecidos, que foram amplamente utilizados no passado para proporcionar repelência à água em vestuário para a chuva. Verificou-se que os materiais híbridos orgânicos-inorgânicos hidrofóbicos descritos pelos autores constituem uma alternativa vantajosa aos poli(acrilatos de fluoroalquilo) devido à sua natureza ecológica e toxicológica. São consideradas várias abordagens básicas para melhorar a hidrofobicidade e a super-hidrofobicidade e é analisada a sua aplicabilidade para melhorar as propriedades hidrofóbicas das fibras de algodão, poliéster e poliamida. As perspectivas de utilização de precursores à base de titânio e de silanos orgânicos em processos sol-gel parecem ser as mais realistas em termos de aplicação prática.

Palavras chave: Hidrofobicidade, Materiais híbridos, Revestimentos auto-limpantes, Método Sol-gel, Precursor à base de titânio, Silanos funcionais.

Capítulo 1

INTRODUÇÃO

Materiais híbridos com hidrofobicidade melhorada

A repelência à água para vestuário de chuva tem sido historicamente conseguida através da utilização de revestimentos de poli(acrilato de fluoroalquilo). Estes materiais de revestimento são altamente eficazes na repelência da água e duráveis, no entanto, as versões de cadeia longa destes revestimentos estão a ser gradualmente eliminadas devido a preocupações ambientais e toxicológicas. Os materiais à base de fluoroacrilato "C8", que podem conter ácido perfluorooctanóico (PFOA), são os mais preocupantes. O PFOA é persistente e móvel na atmosfera e em ambientes aquosos, devido à sua estabilidade química e baixa volatilidade. Os estudos de toxicologia animal efectuados com o PFOA indicam potenciais efeitos no desenvolvimento, na reprodução e sistemáticos. Após exposição oral, o PFOA acumula-se e adsorve-se no soro, nos rins e no fígado. Este composto é resistente à oxidação direta, à degradação fotolítica, à biodegradação e à extração de ar/vapor, o que dificulta a sua remoção. Estas são as principais razões pelas quais a indústria têxtil está atualmente a passar por uma transição para longe destes materiais "C8" [1]. Por outro lado, os materiais híbridos orgânicos-inorgânicos hidrofóbicos atraíram recentemente uma atenção significativa devido à sua capacidade de serem produzidos em grande escala [1-4]. Inúmeras áreas de aplicação, como os revestimentos antiaderentes e autolimpantes, o revestimento anti-manchas, o fabrico de substratos flexíveis, os canais semicondutores, a adesão e o transporte de células, a administração de medicamentos, a micropadronização, as aplicações fotovoltaicas, bem como várias outras, estão a tirar partido da utilização de materiais híbridos multifuncionais [3-19]. Vários tipos de procedimentos sintéticos, incluindo o método sol-gel, baseados na utilização de silanos funcionais e outros precursores funcionais, foram propostos e testados com êxito para a preparação de materiais híbridos multifuncionais [19-27].

As grandes variedades de substratos híbridos estáveis apresentados por pós, fibras, espumas, películas flexíveis e monólitos foram processadas por extrusão, revestimento por rotação, fundição, pulverização, revestimento por imersão e vários outros meios [19]. Várias técnicas de polimerização, em particular a polimerização em emulsão, a polimerização radicalar controlada/vida e a polimerização radicalar por transferência de átomos iniciada na superfície foram implementadas para a síntese de materiais híbridos multifuncionais [20,21]. Tendo em mente que o principal assunto da atual visão geral do são os materiais híbridos com hidrofobicidade melhorada, deve ser enfatizado que, dependendo dos grupos funcionais nestes materiais, eles podem exibir propriedades de superfície hidrofílicas (ângulo de contacto (CA) < 90 °), propriedades hidrofóbicas (CA ≥ 90 °) ou propriedades de superfície super-hidrofóbicas (CA ≥ 150 °) [8,10,28]. Além disso, foi relatado [11,12,17] que os materiais híbridos podem ser comutáveis, ou seja, as suas propriedades de superfície podem ser hidrofóbicas ou hidrofílicas. As alterações da natureza da superfície podem ser desencadeadas por estímulos como a temperatura, o pH, a exposição à luz UV e outros. Nos últimos 15-20 anos, os materiais híbridos orgânico-inorgânicos utilizados para o fabrico de superfícies hidrofóbicas e super-hidrofóbicas atraíram uma atenção significativa em muitas aplicações (Fig. 1).

A revisão exaustiva da publicação no domínio de vários materiais híbridos orgânicos e inorgânicos e do seu desenvolvimento foi efectuada há relativamente pouco tempo [19]. Polímeros como o polimetil-hidrosiloxano (PMHS), o poli(cloreto de vinilo) (PVC), o metacrilato fluorado e os monómeros funcionais de mercapto, vários precursores de silano funcionais, a folha de lótus (*Nelumbo nucifera*, LL) e o pó de folha de árvore do céu (*Ailanthus altissima*, TL) têm sido utilizados com êxito no fabrico de superfícies hidrofóbicas e super-hidrofóbicas [13]. O PMHS é um componente de siloxano bem conhecido com elevada suavidade, solubilidade em solventes orgânicos comuns, não toxicidade, inércia ao ar e à humidade, baixa energia de superfície, hidrofobicidade e propriedades termicamente estáveis [3,14]. O PMHS foi utilizado em várias aplicações, como agente redutor para síntese orgânica, fabrico de superfícies hidrofóbicas e super-hidrofóbicas estáveis, revestimentos em vidro, chips microfluídicos, embalagens electrónicas, actuadores e fibras ópticas [3,14,19].

Por outro lado, o PVC é o polímero mais utilizado em aplicações electrónicas devido à sua excelente propriedade de isolamento elétrico, retardamento de chama inerente, estabilidade à intempérie, capacidade de processamento, recuperação de energia e reciclabilidade. Foram utilizados vários precursores de silano, metacrilato fluorado e monómero funcional de mercapto para melhorar as propriedades do PMHS e do PVC nos sistemas híbridos [8]. Recentemente, foram desenvolvidos novos micro-nano compósitos híbridos de inspiração biológica através da utilização de pó de LL, PMHS e ormosils de sílica funcional [9,13,16]. A suspensão híbrida obtida mostrou uma super-hidrofobicidade altamente estável em qualquer substrato, bastando secar o solvente à temperatura ambiente durante alguns minutos. A esponja de melamina carregada com o híbrido mostrou uma absorção selectiva do óleo derramado na superfície da água. Para além disso, a esponja super-hidrofóbica também pode absorver vários solventes orgânicos e pode ser reciclada várias vezes para a absorção de maiores quantidades de óleos e solventes orgânicos na superfície da água ou debaixo de água.

Os autores do estudo [29] demonstraram que um processo de electrospinning pode ser utilizado para fabricar fibras híbridas hidrofóbicas com base numa composição de sílica/poli(dimetilsiloxano) (PDMS). Para fabricar estas fibras híbridas que apresentam uma boa estabilidade térmica, misturou-se uma solução de PDMS em diclorometano com sílica gel. A principal diferença entre a fibra de sílica preparada através de um processo de electrospinning e as fibras híbridas de sílica/polidimetilsiloxano electrospun é que a primeira tem uma natureza hidrofílica e a segunda tem uma natureza hidrofóbica. Verificou-se [29] que, de entre os vários métodos de destruição da hidrofobicidade das fibras híbridas, a utilização da chama deve ser considerada o método mais simples. Deve notar-se, contudo, que a caraterística hidrofóbica pode sobreviver se essa membrana híbrida electrofiada for combinada com uma rede metálica fina de aço inoxidável.

Para o fabrico de materiais híbridos inorgânicos/orgânicos electrospun, os componentes inorgânicos e orgânicos requerem uma mistura homogénea de componentes e a criação de soluções precursoras estáveis. A escolha do solvente orgânico é especialmente importante para a transformação da solução precursora de sílica/PDMS em fibras ultrafinas. Verificou-se que a solução de sílica pode ser dissolvida em solventes orgânicos, tais como acetona, etanol ou N,N-dimetilformamida. No entanto, nenhum destes solventes é compatível com o PDMS. Apenas o diclorometano é capaz de formar uma solução precursora estável tanto com o PDMS como com o sol de sílica [29].

Os autores do estudo [10] conseguiram demonstrar que o sol de sílica viscoelástica, que pode ser convertido em fibras sem qualquer polímero de suporte através de um processo de electrospinning

através da hidrólise e condensação do tetraetoxisilano (TEOS). Estas fibras combinam a flexibilidade melhorada devido ao conteúdo de polímero e excelentes propriedades térmicas e mecânicas devido ao componente de sílica.

De acordo com os dados [30], o equilíbrio hidrofílico/hidrofóbico na superfície das fibras de sílica electrospun dependerá da relação entre os grupos hidroxilo polares e os grupos não polares (OR) na espinha dorsal. Parece ser possível modificar o comportamento molhante dos produtos de sílica fabricados através de um processo de electrospinning modificando os grupos funcionais na espinha dorsal da sílica. Em particular, o progresso no fabrico de produtos hidrofóbicos à base de sílica foi confirmado através da preparação de produtos híbridos sílica/Nafion e sílica/polimetacrilato de metilo [30].

O desempenho prático das fibras híbridas inorgânicas/orgânicas à base de sílica pode ser melhorado através de uma técnica de electrospinning sem considerar a agregação do componente inorgânico. Sabe-se que existe um compromisso entre a hidrofobicidade da fibra de sílica com grupos não polares (OR) e a sua fraca estabilidade térmica.

A decomposição destes grupos pode levar à diminuição da capacidade hidrofóbica.

Esta hidrofobicidade pode ser facilmente destruída pela decomposição de grupos orgânicos não polares (OR) na espinha dorsal. Foram fabricados tecidos híbridos multifuncionais que mantiveram a super-hidrofobicidade mesmo após tratamento térmico a 500 °C, criando estruturas fibrosas hierarquicamente electrospun a partir de metiltrietoxisilano com baixas energias de superfície [31].

Na procura de novos materiais com uma hidrofobicidade termicamente estável, alguns investigadores estão a tentar utilizar a técnica híbrida com a combinação de polímeros adequados e sílica. Entre os polímeros orgânicos à base de silício com propriedades reológicas invulgares, o PDMS, com a sua caraterística hidrofóbica geral e boa estabilidade térmica, atraiu uma atenção significativa, bem como os compósitos de PDMS com outros polímeros. Em particular, a preparação de um híbrido de poliuretano (PU)-PDMS é capaz de proporcionar baixa inflamabilidade ao PU. Além disso, este híbrido tem uma taxa de libertação de calor que é visivelmente reduzida em comparação com o PU virgem [32].

Para além do PDMS, alguns outros polímeros, por exemplo, o poli(álcool vinílico) (PVA), foram utilizados para fabricar nanofibras híbridas de sílica por electrospinning sol-gel [33]. A solução etanol-água de tetraetilortosilicato (TEOS) sujeita a hidrólise ácida tem sido utilizada para a preparação de sílica . Atualmente, a sua síntese foi combinada com o fabrico de fibras através da electrospinning de uma mistura da solução precursora de sílica e da solução de PVA em água. Foram preparadas nanofibras híbridas sem defeitos, com 150 nm de diâmetro, após um estudo sistemático de factores como a relação sílica-PVA, a quantidade de TEOS utilizada para hidrólise e o tempo de envelhecimento da mistura precursora de sílica.

Materiais super-hidrofóbicos com boas propriedades de formação de película, estabilidade térmica excecional e desempenho resistente à abrasão foram fabricados através de uma técnica de electrospinning a partir de um nanocompósito de sílica/poliimida [34]. A sililação do (3-aminopropil)trietoxisilano (APTES) foi utilizada para modificar nanopartículas de sílica introduzidas numa solução de ácido poliamido preparada por condensação de dianidrido piromelítico e 4,4'-diaminodifenilóxido. Para além da elevada estabilidade térmica e das propriedades super-hidrofóbicas, as películas preparadas apresentam propriedades óbvias de auto-limpeza e uma poderosa capacidade anti-abrasão.

A condutividade térmica ultra-baixa e o excelente desempenho mecânico do nanocompósito de sílica/poliimida podem ser explicados pela elevada porosidade combinada com a presença de sílica de dimensão nanométrica. Os autores do estudo [34] concluíram que todas as combinações de propriedades do nanocompósito forneceram a prova séria de que o delicado Efeito Lótus também pode ser resistente e durável.

Outra forma de introduzir nanopartículas de SiO2 em materiais de poliimida (PI) foi investigada numa publicação [35]. Os autores combinaram nanopartículas hidrofóbicas de SiO2 (com diâmetro médio de 40 nm e área de superfície específica de 200 m2/g) com uma solução de ácido poliamido preparada por condensação de dianidrido piromelítico e 4,4'-diaminodifenilóxido. O compósito PI/SiO2 preparado, contendo 30% de sílica, forma tapetes de nanofibras que apresentam uma super-hidrofobicidade com um ângulo de contacto com a água de $157 \pm 0{,}7^{o}$. A título de comparação, o ângulo de contacto com a água dos tapetes de nanofibras de PI não modificadas foi de cerca de $137 \pm 1{,}1°$. A combinação de propriedades como caraterísticas de isolamento térmico elevado, boa anti-abrasão, estabilidade térmica superior e resistência mecânica permite a utilização de nanofibras compósitas de PI electrofiadas como materiais auto-limpantes para aplicações em condições ambientais adversas.

As aplicações práticas destes materiais híbridos e a experiência de aumento de escala relacionada serão discutidas em pormenor na secção 2. No entanto, antes de entrar nestes pormenores, convém considerar alguns princípios básicos da teoria da super-hidrofobicidade.

Capítulo 2

Teoria da super-hidrofobicidade

De acordo com [36], as teorias subjacentes que interpretam os fenómenos de molhagem centram-se principalmente na equação de Young, na equação de Wenzel e na equação de Cassie-Baxter, apesar de os fenómenos de molhagem terem sido estudados nas últimas décadas. Com base nestas teorias, os cientistas compreenderam que tanto a composição química da superfície como a sua morfologia podem influenciar o ângulo de contacto de gotículas de líquido em superfícies sólidas. No entanto, essas equações não são suficientes para explicar completamente os mecanismos dos fenómenos de molhagem, embora continuem a ser necessárias. Os autores do estudo [36] reviram a teoria desde os modelos clássicos de molhagem até aos avanços teóricos mais recentes das superfícies super-hidrofóbicas no que diz respeito ao processo de molhagem.

Como já foi referido, uma superfície super-hidrofóbica é geralmente definida como tendo um ângulo de contacto com a água (CA) superior a 150° mas um ângulo de deslizamento (SA) inferior a 5° [37]. Este tipo de superfície já existe habitualmente no mundo biológico, especialmente na folha de lótus, ou seja, o chamado efeito de lótus. Muitas folhas de plantas e superfícies específicas de animais na natureza apresentam o chamado efeito de lótus, em que a interação entre a microestrutura da superfície e a composição química faz com que as gotículas de água permaneçam esféricas na superfície. Acredita-se geralmente que a molhabilidade é uma tendência para um líquido se espalhar num substrato sólido e é geralmente caracterizada pela CA, que é definida geometricamente como o ângulo formado por um líquido na fronteira trifásica onde um líquido, um gás e um sólido se intersectam, como se mostra na Fig. 2. É uma das propriedades mais importantes que podem ser utilizadas para avaliar a capacidade hidrofóbica da superfície e tem uma influência significativa na agricultura, na indústria e na vida quotidiana [36].

Além disso, é confirmado por investigadores de todo o mundo que o comportamento de molhagem de um líquido numa superfície sólida depende não só da composição química mas também da estrutura morfológica [31,38]. Assim, a atenção neste campo de investigação é dada principalmente a dois aspectos. Por um lado, foram investigadas análises termodinâmicas detalhadas e sistemáticas sobre a energia livre e a barreira de energia livre, com o objetivo de reduzir a energia livre da superfície. Por outro lado, os investigadores descobriram que as micro e nanoestruturas desempenham um papel fundamental na molhagem da superfície, independentemente da composição química, com base nos modelos teóricos estabelecidos e nos resultados experimentais.

Foram desenvolvidos vários modelos geométricos, incluindo o modelo de Wenzel [39], o modelo de Cassie-Baxter [40], o modelo de estrutura composta com ranhuras cilíndricas de dupla escala [41] e o modelo com parabolóides de revolução [42], para melhor compreender o mecanismo das superfícies super-hidrofóbicas e orientar a conceção e o fabrico de superfícies super-hidrofóbicas biomiméticas. Embora estes modelos teóricos propostos tenham sido utilizados para elucidar os princípios das superfícies super-hidrofóbicas, são adequados apenas para condições específicas e contêm ainda muitos parâmetros experimentais. Por conseguinte, não têm aplicabilidade universal para todos os estados super-hidrofóbicos, exceto se estes modelos forem melhorados antes de serem utilizados.

Na opinião dos autores da síntese [36], seria desejável estabelecer as teorias e modelos típicos com aplicabilidade generalizada para explicar quantitativamente as relações entre estruturas e propriedades.

Capítulo 3

Teorias básicas: Ângulo de contacto e equação de Young

A CA do líquido numa superfície sólida é um parâmetro importante para caraterizar a molhabilidade da superfície e prever o seu comportamento de molhagem em aplicações práticas. Por conseguinte, o valor da CA da água numa superfície pode ser utilizado para determinar a sua hidrofobicidade, designando uma superfície com CA inferior a 90° como hidrofílica. Com base nesta definição e na investigação aprofundada das superfícies, o comportamento molhante da superfície pode ser subdividido em duas classes: uma em que a CA está entre 90° e 150° pode ser designada como uma superfície hidrofóbica, mas a outra proposta posteriormente, uma superfície em que a CA é superior a 150°, é designada como uma superfície super-hidrofóbica. Em termos de uma superfície super-hidrofóbica, a outra condição limitada importante é uma histerese CA baixa, que é normalmente inferior a 5°.

As definições acima referidas baseiam-se ambas na superfície lisa ideal, sem considerar plenamente o efeito da morfologia da superfície e outros factores. Dadas as suas potenciais aplicações de superfícies molhantes/não molhantes, é desejável construir modelos teóricos racionais para explicar o mecanismo e estabelecer as equações quantitativas para prever o comportamento molhante de uma superfície. Desde 1805, foi proposto que uma interface entre dois materiais tinha uma energia específica, a chamada energia interfacial, que é proporcional à área interfacial [36]. Este conceito lançou as bases para o campo da molhabilidade, que se tornou um tema muito popular nas últimas duas décadas, graças a aplicações biológicas e de alta tecnologia que vão desde a auto-limpeza de superfícies, microeletrónica e revestimentos de película fina, até à formação de imagens que envolvem o espalhamento de líquidos em superfícies sólidas.

É bem sabido que os átomos ou moléculas da superfície de líquidos ou sólidos têm uma energia mais elevada do que átomos e moléculas semelhantes no interior, o que resulta em tensão superficial ou energia livre de superfície, de modo a atingir um estado estável com uma energia relativamente mais baixa. Em regra, a tensão superficial ou a energia livre de superfície pode ser utilizada para avaliar quantitativamente a propriedade da superfície. O seu valor é igual ao trabalho de superfície que é necessário para criar por unidade de área da superfície a volume e temperatura constantes.

As unidades de γ são J/m^2 ou N/m e podem ser interpretadas como energia por unidade de área de superfície ou como força de tensão por unidade de comprimento de uma linha de contacto na superfície. Quando um sólido (S) está em contacto com um líquido (L), a atração molecular reduzirá a energia do sistema de modo a atingir um valor de equilíbrio que é inferior à soma das duas superfícies separadas. A formação ou o estabelecimento de uma interface durante o processo de molhagem é regido pelo princípio termodinâmico da redução de energia. A eliminação de duas superfícies para formar uma interface reduz a energia total do sistema.

Assim, a condição termodinâmica para que a humidade ocorra pode ser escrita como [43]:

$$\gamma_{SA} \geq \gamma_{SL} \geq \gamma_{LA}$$

em que γ_{SA} e γ_{LA} são as energias superficiais (tensões superficiais) do sólido e do líquido em relação ao ar, e γ_{SL} é a energia da interface (tensão da interface) entre o sólido e o líquido. Então, o trabalho de adesão pode ser expresso pela equação de Dupre:

$$W_{SL} = \gamma_{SA} + \gamma_{LA} - \gamma_{SL} \tag{1}$$

Nesta equação, *WSL* é o trabalho de adesão por unidade de área entre duas superfícies.

Se uma gota de líquido for colocada numa superfície sólida, as superfícies do líquido e do sólido juntam-se em equilíbrio num ângulo caraterístico chamado CA estático θ_0 (Fig. 2). A CA pode ser determinada pela condição da energia total do sistema ser minimizada [44].

A energia total E_{tot} é dada pela equação (2) [45]:

$$E_{tot} = \gamma_{LA}(A_{LA} + A_{SL}) - W_{SL}A_{SL} \tag{2}$$

em que A_{LA} e A_{SL} são as áreas de contacto da interface líquido-ar e sólido-ar, respetivamente. Assume-se que a gota é suficientemente pequena para que a energia potencial gravitacional possa ser negligenciada.

No equilíbrio $dE_{tot} = 0$, obtém-se

$$\gamma_{LA}(dA_{LA} + dA_{SL}) - W_{SL}dA_{SL} = 0 \quad (3)$$

Para uma gota de volume constante, é fácil mostrar, a partir de considerações geométricas , que

$$\frac{dA_{LA}}{dA_{SL}} = \cos\theta_0 \quad (4)$$

Por conseguinte, a chamada equação de Young para a CA é obtida da seguinte forma, de acordo com as Eqs. 1, 3 e 4.

$$\cos\theta_0 = \frac{\gamma_{SA} - \gamma_{SL}}{\gamma_{LA}} = \frac{W_{SL}}{\gamma_{LA}} - 1 \quad (5)$$

ou

$$\gamma_{SL} = \gamma_{SA} - \gamma_{LA}\cos\theta_0 \quad (6)$$

Pode ver-se que as eqs. 5 e 6 fornecem o valor da CA estática para determinadas tensões superficiais [45].

A equação de Young utiliza os vectores de tensão superficial para um líquido sobre um substrato sólido. De facto, para uma superfície sólida ideal, as influências da rugosidade, da heterogeneidade química, da reconstrução da superfície, do inchaço e da dissolução são negligenciadas. O estado de molhagem completa corresponde a $\theta_0 = 0$, e ocorre normalmente em líquidos com baixa tensão superficial Γ_{LA} e em sólidos com elevada energia superficial Γ_{SA} .

Para $\Gamma_{SA} > \Gamma_{SL}$ então $0° < \theta o < 90°$ e para $\Gamma_{SA} < \Gamma_{SL}$ então $90° < \theta o < 180°$. De acordo com a equação de Young, fica claro que a tensão interfacial entre o sólido e o líquido Γ_{SL} é menor que Γ_{SA} somente quando θo <90o, isso acontece somente no caso de molhabilidade. Mas $\gamma sL > \gamma sA$ só pode acontecer quando $\theta o > 90°$, a área de contacto da interface líquido-sólido será reduzida. Neste caso, o líquido comporta-se como não molhante, pois γ_{LA} é sempre finito e de valor positivo, minimizando então a energia total de superfície/interfacial do líquido.

Assim, a CA depende da otimização da área de contacto da interface sólido-líquido e líquido-ar. Mais importante ainda, a propriedade de molhagem de um líquido num substrato sólido plano também pode ser compreendida a partir da termodinâmica das superfícies, avaliando o trabalho de adesão, o que conduz à equação de Young. Outra simples da equação de Young pode ser obtida equilibrando as forças na linha de contacto onde os três meios (sólido, líquido e vapor) se encontram, como se mostra esquematicamente na Fig. 2B.

Assim, a CA de equilíbrio da gota de líquido sobre o substrato liso e plano depende do valor da diferença entre ΓSA e ΓSL, conforme expresso acima. Deduz-se que os líquidos com elevada tensão superficial em superfícies com baixa energia superficial tendem a formar gotas com elevada CA. As Eqs. 5 e 6 são deduzidas na condição de se assumir que o substrato 5 é perfeitamente liso, homogéneo e rígido. No entanto, não existem superfícies ideais absolutamente lisas, as superfícies estruturadas ou rugosas são comuns na realidade. Assim, os autores da síntese [36] concluíram que é necessário saber como funciona a CA numa superfície rugosa.

Capítulo 4

Modelo Wenzel

Este modelo introduziu pela primeira vez o conceito de rugosidade da superfície no estudo teórico do comportamento de humidade há cerca de 80 anos [39]. De acordo com este modelo, foi necessário modificar a equação de Young com base em considerações abrangentes sobre a influência da rugosidade na molhabilidade. Desde então, quando se considera o comportamento de molhagem de uma gota de líquido depositada numa superfície sólida rugosa, o modelo de Wenzel [39] pode ser utilizado como modelo analítico para avaliar quantitativamente a molhagem/não molhagem. Recentemente, cada vez mais resultados experimentais têm indicado que a rugosidade de uma superfície sólida pode aumentar consideravelmente a propriedade de molhagem do sólido, mesmo sem ter em conta a composição química.

Como as forças são mais facilmente visualizadas do que os valores de energia, é convencional, na análise de problemas de molhagem, definir conceitos de força (as tensões superficiais interfaciais) como numericamente iguais aos valores de energia específica interfacial caraterística, e lidar com estas forças como quantidades vectoriais constantes em magnitude e variáveis em direção. É nesta tradução de energias para forças que a importância da condição física das superfícies sólidas é suscetível de ser obscurecida. Deve então ser reconhecida uma distinção entre a superfície total ou "superfície real" e a superfície superficial ou "superfície geométrica" de uma interface. Esta última é a superfície medida no plano da interface. A suavidade perfeita é uma hipótese aceitável, em que a superfície real e a superfície geométrica são idênticas, mas na superfície de qualquer sólido real a superfície real será maior do que a superfície geométrica devido à rugosidade da superfície. Este rácio de superfície é denominado "fator de rugosidade" e designado por *r* [39]:

$$r = \text{roughness factor} = \frac{\text{actual surface}}{\text{geometric surface}}$$

O fator de rugosidade é um parâmetro não dimensional que é sempre superior à unidade. Assim, à medida que r aumenta, a energia total da superfície/interface aumenta gradualmente devido ao aumento da área real. Foi incorporado diretamente no modelo de Wenzel e desempenha um papel importante nas propriedades de molhagem. No entanto, o estado de Wenzel prevalece quando a superfície está completamente molhada, ou seja, molhada de forma homogénea, como mostra a Fig. 3A.

É evidente que uma superfície rugosa proporciona uma área interfacial adicional para o líquido que se espalha, pelo que a CA verdadeira seria diferente da CA nominal. A área de superfície adicional fornecida pela rugosidade da superfície resulta no aumento da energia de superfície. O efeito da rugosidade da superfície na CA de equilíbrio foi estudado e foi proposta uma equação que fornece uma relação entre a CA de equilíbrio e o ângulo aparente formado numa superfície rugosa [46]:

$$\cos\theta_W = r\cos\theta_0 \qquad (7)$$

em que θo é a CA de equilíbrio, θw é a CA aparente numa superfície rugosa (geralmente conhecida como ângulo de Wenzel) e r é o rácio de rugosidade médio. Assim, r é o rácio entre a área da superfície molhada real e a área da superfície geométrica calculada a partir do raio da base molhada.

A equação de Wenzel sugere diretamente que, se $\theta o < \pi/2$, então $\theta w < \theta o$ e, portanto, neste caso, a introdução de rugosidade aumentará a tendência do líquido para se molhar ainda mais. Por outro lado, se $\theta o > \pi/2$ então $\theta w > \theta o$, a tendência de não molhar será aumentada como mostra a Fig. 3A. Assim, no modelo de Wenzel, a rugosidade pode amplificar a propriedade de molhagem da superfície sólida se o líquido estiver inicialmente molhado na superfície lisa, resultando em mais hidrofilicidade. Mas se o líquido não molhar a superfície lisa no início, então a introdução da rugosidade pode tornar a superfície do substrato sólido não molhável, levando ao aumento da hidrofobicidade [47].

Em comparação com a equação de Yong, a equação de Wenzel estende a superfície de contacto lisa para uma superfície rugosa, o que induz uma nova compreensão do mecanismo do comportamento de molhagem da superfície.

Além disso, introduz o conceito de rugosidade da superfície, o que faz com que os investigadores se apercebam da importância da textura da superfície para a molhabilidade da superfície. Foi demonstrado que a rugosidade da superfície desempenha um papel mais importante do que as composições químicas com baixa energia de superfície no que respeita às superfícies super-hidrofóbicas. No entanto, deve notar-se que a equação de Wenzel deve estar confinada ao estado de equilíbrio estável da termodinâmica. Normalmente, a barreira de energia tem de ser ultrapassada durante o espalhamento do líquido devido à heterogeneidade das superfícies rugosas. Se a energia vibracional for inferior à barreira de energia, o líquido manterá um estado metaestável em vez de um estado estável.

A equação de Wenzel [39] revelou a relação entre a CA de equilíbrio e a CA aparente numa superfície rugosa, mas não é válida se a superfície sólida for porosa ou tiver uma composição química difusa.

Capítulo 5

Superfícies hidrofóbicas para revestimentos anti-manchas

A anti-coloração é a capacidade de resistir às manchas ou de as apagar facilmente no substrato revestido [5-7,48,49]. Isto pode ser conseguido através da utilização de materiais de base com baixa energia superficial. Por outro lado, a estabilidade do substrato revestido é também um critério importante para criar propriedades estáveis. Foi preparado o substrato estável utilizando PMHS com 2,2,3,4,4,4 hexafluorobutilmetacrilato (HFBMA) e tetraetoxisilano (TEOS) *através de* uma reação sol-gel [5,6]. O PMHS revestido por spin (curado a 150°C durante 24 h) apresentou uma morfologia de superfície fracturada. Por outro lado, a morfologia da superfície do PMHS foi alterada pela adição de HFBMA e TEOS. Uma superfície lisa em camadas mostrou uma superfície agregada de partículas de sílica ao aumentar o teor de TEOS. A presença de partículas de micro/nanosílica no híbrido polimetilsiloxano fluorado/sílica (FPMS/sílica) revelou propriedades hidrofóbicas [5,6]. A rugosidade máxima das partículas de sílica era de ~27-35 nm, o que depende da concentração do teor de TEOS na superfície do híbrido FPMS/sílica.

A dureza mecânica ou a resistência ao risco do substrato revestido foi verificada por um aparelho de teste de dureza de lápis. O material híbrido orgânico-inorgânico revestido por centrifugação apresentou uma boa resistência aos riscos ($\geq$ 4H) [5]. Entretanto, a resistência a riscos do substrato foi alterada com a mudança da concentração de etanol. O aumento da concentração de etanol levaria ao aumento da resistência ao risco ($\geq$ 5H) do substrato híbrido [5,6]. O aumento da resistência ao risco deve-se à presença de um átomo de flúor de baixa energia superficial compactado hexagonalmente na superfície exterior, que está fortemente ligado ao substrato por partículas de sílica.

A propriedade anti-manchas foi verificada utilizando canetas à base de água e óleo, escrevendo e apagando simplesmente no substrato revestido [5-7]. O material híbrido FPMS/sílica mostrou uma boa propriedade de apagamento para canetas à base de óleo e água por mais de 8 vezes com papel de limpeza. Os resultados obtidos explicam que a matriz de baixa energia superficial com boa propriedade adesiva é responsável pelo desenvolvimento do revestimento anti-manchas.

A transparência do substrato é outro critério importante para a aplicação do revestimento. O material híbrido FPMS/sílica apresentou uma transparência de 95% a 98% na região do visível [5,6]. Para melhorar as propriedades anti-manchas para aplicações práticas, foi desenvolvido um novo material híbrido de metalopolímero utilizando PVC como material de partida [7]. Um complexo ferro-mercapto pré-sintetizado foi enxertado com PVC e depois modificado com um precursor de mercapto-silano.

Os autores não entrarão numa descrição pormenorizada dos materiais híbridos baseados em FPMS, uma vez que não se enquadram no âmbito da presente panorâmica.

O metalopolímero PVC apresentou uma hidrofobicidade muito boa com CA ~143,27° ± 2,0° [7]. O PVC tem uma boa transparência (98% a 400 nm de comprimento de onda) na região do visível (Fig. 4a-c). O metalopolímero poli (cloreto de vinil-g-ferrotrimetilolpropano tris(3-tiopropionato)) (PVCFeS) também mantém a transparência ao secar até 80°C durante menos de 24 h (Fig. 4d-f). Por outro lado, a transparência do substrato diminuiu com o aumento da temperatura de secagem para 150°C (Figura 4g-k). O precursor mercapto-silano e o precursor metil-silano foram introduzidos separadamente no metalopolímero PVCFeS (PVCFeS funcionalizado com mercapto-sílica (PVCFeS-SiSH) e PVCFeS funcionalizado com metil-sílica (PVCFeS-SiMe) para aumentar a transparência (Fig. 4l e m) [7]. O metalopolímero híbrido manteve a transparência e melhorou a resistência aos riscos e as propriedades anti-manchas, mesmo com o aumento da temperatura de secagem para 150 °C. Isto deve-se ao ponto de ebulição mais elevado do precursor de mercapto-silano, que mantém a coloração do metalopolímero e melhora outras propriedades. O híbrido de metalopolímero de PVC mostrou uma melhor resistência aos riscos (> 8H) e propriedades anti-manchas (mais de 10 vezes de teste de escrita e apagamento) em comparação com a superfície do material híbrido feito de PMHS [5-7].

Devido à excelente lubrificação do substrato híbrido de metalopolímero de PVC, a superfície pode facilmente arrastar a gota de água no ângulo de deslizamento. Este facto pode levar à utilização da superfície em revestimentos auto-limpantes para aplicações práticas. As propriedades de auto-limpeza do substrato híbrido de metalopolímero de PVC foram verificadas espalhando pó de carvão ativado na superfície e deixando cair gotas de água sobre o substrato. O vidro nu mostrou a adesão do carvão ao substrato. Por outro lado, a propriedade de aderência foi reduzida no metalopolímero PVC e no seu substrato híbrido. Este facto provou a excelente propriedade anti-manchas do híbrido metalopolímero de PVC [7].

Capítulo 6

Superfícies super-hidrofóbicas para aplicações antiaderentes e de auto-limpeza

As propriedades antiaderentes e de auto-limpeza dependem do ângulo de deslizamento da superfície do substrato. A rotação livre e a deslocação das gotículas de água na superfície do substrato podem apresentar um excelente comportamento de auto-limpeza [8-11]. A propriedade anti-aderente foi testada no substrato híbrido super-hidrofóbico por uma gota de água (energia superficial da água, 72 (mN/m)) ou pelos movimentos das gotas de água no substrato. Devido à CA muito elevada do substrato híbrido, este pode resistir facilmente às gotas de água sobre o substrato. O substrato super-hidrofóbico também pode arrastar facilmente as gotículas de água e manter o substrato limpo. Este comportamento de auto-limpeza foi verificado colocando várias poeiras (poeira de zinco (<10μm), cimento Portland, areia do mar e poeira de carbono) no substrato revestido por gota ou revestido por centrifugação, seguido de gotas de água [9,10,48]. Os poluentes foram recolhidos pelas gotículas e arrastados para longe do substrato (Fig. 5). Este comportamento autolimpante da folha de lótus foi também conseguido com os micro-nanocompósitos híbridos de pó de folha de lótus. Da mesma forma, Xu et al. fabricaram uma superfície de auto-limpeza super-hidrofóbica utilizando dióxido de titânio (TiO2)/polietileno de alta densidade (HDPE) [48].

O TiO2 no HDPE melhorou as propriedades de auto-limpeza do substrato devido à foto-oxidação do TiO2 à luz UV [48]. A estabilidade dos micro-nanocompósitos híbridos de inspiração biológica foi também verificada através da variação das composições dos materiais de base [8-11].

De acordo com [8], as superfícies super-hidrofóbicas podem ser preparadas de três formas: de cima para baixo, de baixo para cima e uma combinação de abordagens de cima para baixo e de baixo para cima [28].

Na maioria dos casos, uma superfície super-hidrofóbica é preparada principalmente através de uma combinação de micro-nanoestruturas e do aumento da rugosidade, da área superficial e do ar retido na superfície rugosa [49,50]. Isto pode criar uma maior rugosidade e produzir uma superfície hierárquica no substrato. Esta superfície hierárquica pode ter um CA de equilíbrio mais elevado e mostrar uma transição do estado de Wenzel para o estado de Cassie-Baxter [36,37,51].

As folhas de lótus apresentam esta combinação de uma superfície micro-nano-hierárquica, sendo um exemplo bem conhecido de uma superfície super-hidrofóbica com uma CA superior a 150° (Fig. 6a). A superfície da folha também apresenta propriedades superoleofílicas para o óleo de dodecano (tensão superficial, 25,38 mN/ m, Fig. 6b).

Quando uma gota de óleo (óleo de hidrocarboneto) entra em contacto com a superfície da folha, a rugosidade da superfície da folha pode aumentar a oleofilicidade e introduzir a superoleofilicidade devido à baixa energia de superfície do micro-nanocompósito.

Nota: O poli(metil-hidroxisiloxano) super-hidrofóbico, PMHOS, foi preparado a partir de PMHS (4,7 g, 78 mmol de MeHSiO) que foi dissolvido em etanol anidro (70 mL) num recipiente de vidro de 100 mL, seguido da adição de solução de hidróxido de sódio (0,008 g, 0,2 mmol em 2 mL de água) com agitação constante durante 24 h.26 O gel hidrolisado foi obtido à temperatura ambiente em 24 h e seco completamente a 80°C durante 24 h. O produto seco foi triturado até se tornar um pó, lavado várias vezes em água desionizada e seco a vácuo durante a noite a 80°C, seguido de nova trituração até se tornar um pó fino. Preparação de micronanocompósitos híbridos super-hidrofóbicos instantâneos (LLPPSiOr) LL em pó (0,05 g), PMHOS (0,25 g), etanol (8 g, 173,7 mmol) e água desionizada (1 g, 55,5 mmol) foram colocados num recipiente de vidro (30 mL) e agitados durante 1 h. A mistura de LL em pó e PMHOS foi designada LLP. A suspensão de PSiOr (0,1 g) foi adicionada à suspensão LLP, e o recipiente foi fechado e agitado à temperatura ambiente durante 24 h. A suspensão híbrida obtida, que foi chamada LLPPSiOr, foi ainda ultrasonicated por 2 min.

A introdução de pó de folha de lótus preparado a várias temperaturas de secagem (LL25°C, LL50°C e LL100°C) ou de nanopartículas de sílica hidrofílicas (SiNPs) na suspensão híbrida (pó LL, PMHOS e micronanocompósitos híbridos de SiNPs (LLPSiNPs)) mostrou uma hidrofobicidade estável com partículas de forma esférica no substrato [10]. O aumento das nanopartículas de sílica hidrofílicas na suspensão híbrida também manteve a hidrofobicidade no substrato revestido. Os autores do artigo [49] também prepararam os micro-nanocompósitos híbridos de inspiração biológica utilizando outro pó de folha, como o pó de folha de árvore (TL). O pó de folha de árvore mostrou uma melhor compatibilidade com o PMHOS super-hidrofóbico. A adição de PSiOr hidrofóbico à suspensão TLP (pó de TL e PMHOS em etanol) também produziu super-hidrofobicidade em quaisquer substratos. A propriedade de superfície do híbrido foi testada a várias temperaturas de gotículas de água. A suspensão híbrida mantém a super-hidrofobicidade à água fria e quente. A adição de gotículas de água a 0°C ou abaixo de 0°C mantém a super-hidrofobicidade com um ângulo de contacto estável, tal como obtido com gotículas de água à temperatura ambiente.

Os resultados obtidos mostram a propriedade anti-gelo do substrato. A super-hidrofobicidade foi mantida no substrato colocando a temperatura da gota de água até 50°C. Aumentando ainda mais a temperatura das gotas de água para 60°C a 80°C, a superfície CA foi reduzida a hidrofóbica pela nucleação da gota de água quente no substrato. Entretanto, a super-hidrofobicidade pode manter-se no substrato substituindo a gota de água quente e colocando a gota de água à temperatura ambiente no mesmo local. Os micronanocompósitos híbridos de pó TL, PMHOS e PSiOr (TLPPSiOr) também apresentaram excelentes propriedades antiaderentes e de auto-limpeza.

As superfícies super-hidrofóbicas foram também utilizadas noutras aplicações, como a adesão e proliferação celular, a administração de fármacos, o carregamento e libertação de corantes orgânicos, os revestimentos auto-cicatrizantes, a anti-corrosão, a anti-incrustação e a tipagem sanguínea, etc. [11,50,51].

Muitas vezes, a hidrofobicidade da superfície e as propriedades anticorrosivas são atribuídas ao mesmo tipo de revestimentos poliméricos. Os nanocompósitos híbridos orgânico-inorgânicos descritos na publicação [52] combinam o elevado nível de transparência com uma resistência mecânica melhorada e propriedades de barreira, constituindo um bom exemplo de tais revestimentos. Os polímeros contendo fragmentos de amida e epóxi modificados com um agente de ligação (-O-Ti-O-) foram preparados a partir de isopropóxido de titânio (TIP), éteres diglicídicos de bisfenol-A (DGEBA) e poliamida (PA). Os materiais modificados DGE-TiO2-PA possuem um ângulo de contacto com a água aumentado e uma densidade de superfície de ligações cruzadas optimizada. As Fig. 7a-d mostram as imagens da câmara CCD de gotículas de água na superfície de dois materiais: o nanocompósito híbrido DGE-TiO2-PA2 e o material semelhante sem fragmentos de dióxido de titânio (DGE-PA). O aumento do valor do ângulo de contacto de 65° para 105° ilustrou o grau ou extensão da hidrofobicidade no caso do nanocompósito DGE-TiO2-PA2. Os autores deste estudo explicaram o aumento da hidrofobicidade com a inclusão do teor de titânia através da formação de uma estrutura compacta altamente reticulada combinada com rugosidade à escala nanométrica. As alterações na quantidade de TIP adicionada (0,5, 1,0 ou 2%) permitiram otimizar as propriedades físico-mecânicas dos nanocompósitos híbridos e melhorar o seu desempenho em termos de resistência à corrosão eletroquímica. Devido ao aumento da inibição da corrosão, da resistência à abrasão e da dureza dos riscos das composições híbridas, estas devem ser consideradas como potenciais candidatos para a criação de tintas e revestimentos anticorrosivos comercialmente importantes.

Utilizando sílica híbrida e dióxido de titânio como agentes modificadores, foi preparado um tecido de poliéster super-hidrofóbico [53]. Os autores deste estudo investigaram a transferência unidirecional de água no âmbito da construção de um gradiente de molhabilidade ao longo da espessura do tecido. Verificou-se que, entre outros factores capazes de orientar o movimento da água em superfícies planas, a heterogeneidade da tensão superficial deve ser considerada. O efeito da molhabilidade assimétrica através da espessura do tecido foi observado após a irradiação de um lado do tecido super-hidrofóbico sob luz UV de comprimento de onda múltiplo. Aplicações tão promissoras como o vestuário desportivo, o vestuário de soldado, etc., podem definitivamente beneficiar da capacidade de remover eficazmente o suor do lado do corpo devido aos tecidos com transferência de água direcional induzida por uma tensão superficial desequilibrada.

Foram preparados têxteis super-hidrofóbicos [54] através da incorporação de nanotubos de carbono de paredes múltiplas (MWCNTs) que foram modificados através de um procedimento em três fases que inclui a oxidação, a 1,3-cicloadição de 3,4 di-hidroxibenzaldeído/N-metilglicina e a sililação com per-fluorooctadecil-ltrietoxissilano através de ligações covalentes Si-O-C.

De acordo com os dados [55], a deposição camada a camada de polietilenimina (PEI) e silicato de sódio em combinação com nanobastões de ZnO, seguida de deposição de vapor químico de octadeciltrimetoxissilano (ODTMS) à temperatura de 130°C numa atmosfera de N2, foi utilizada para fabricar têxteis de algodão super-hidrofóbicos.

Devido à supressão da fotoactividade dos nanobastões de ZnO em relação à camada de ODTMS pelo invólucro de sílica, os têxteis preparados apresentam uma super-hidrofobicidade durável aos raios UV.

Os autores das publicações [56,57] exploraram duas abordagens diferentes para a preparação de têxteis de algodão antibacterianos super-hidrofóbicos. A primeira abordagem inclui modificação de têxteis com nanopartículas de prata e, em seguida, imersão em solução de octiltrietoxisilano numa mistura de etanol e água. As nanopartículas de Ag foram produzidas por um método simples diretamente na superfície do algodão através do tratamento com KOH aquoso e AgNO3, seguido da redução dos catiões de prata com ácido ascórbico. Para gerar uma rugosidade superficial de tamanho duplo, os autores do estudo [56] utilizaram a adição de um estabilizador estérico polimérico. O tratamento dos têxteis de algodão contendo partículas com octiltrietoxisilano conduziu a um elevado nível de hidrofobicidade com um valor CA de 151°. De acordo com [56], o algodão preparado possuía uma potente atividade antibacteriana para bactérias Gram-positivas e Gramnegativas e, por conseguinte, poderia encontrar uma aplicação significativa no domínio biomédico.

A segunda abordagem para a preparação de um tecido de algodão super-hidrofóbico com propriedades de auto-limpeza baseia-se na deposição faseada de meso-tetra(4-carboxifenil)porfirina, TiO2 anatase e trimetoxi(octadecil)silano em etanol

[57]. Os tecidos fabricados mostraram uma combinação de tais propriedades, como super-hidrofobicidade superior com um valor CA de 156° e fotocatálise de luz visível. Os autores [57] demonstraram que o tecido de algodão modificado provocou a rápida degradação fotocatalítica do azul de metileno sob irradiação de luz visível, o que tornou este material

promissor para uma grande variedade de aplicações de auto-limpeza,

Os revestimentos super-hidrofóbicos que podem ser aplicados em têxteis foram preparados por condensação hidrolítica de hexadeciltrimetoxisilano e TEOS em etanol na presença de montemorilonite, palygorskite (PAL) e vários outros minerais argilosos [58]. Verificou-se que a morfologia das argilas tem uma influência significativa na super-hidrofobicidade dos revestimentos. Entre os argilominerais estudados, apenas a PAL em forma de bastonete foi capaz de formar superfícies super-hidrofóbicas. Tratamentos tão agressivos como a pressão da água, a abrasão por areia, a temperatura elevada, a imersão em solvente e a irradiação UV não afectaram as propriedades hidrofóbicas dos revestimentos investigados.

Através do tratamento de fibras de poli(tereftalato de etileno) com álcali seguido de revestimento com PDMS, os autores do artigo [59] conseguiram fabricar o têxtil super-hidrofóbico com uma propriedade de auto-limpeza. As experiências de molhabilidade demonstraram que os têxteis super-hidrofóbicos eram estáveis aos tratamentos ácido/alcalino, à lavagem prolongada e à irradiação UV. Foi demonstrado que a propriedade de auto-limpeza dos materiais investigados está associada à presença de buracos à escala nanométrica nas superfícies das fibras, fazendo com que os têxteis tenham estruturas hierárquicas. Uma das caraterísticas interessantes dos têxteis super-hidrofóbicos preparados é o facto de se poderem imprimir imagens coloridas na sua superfície através de uma impressão por transferência convencional sem afetar a super-hidrofobicidade.

Foi descrito no artigo [60] um revestimento super-hidrofóbico de baixo custo, isento de flúor e resistente a ácidos/alcalinos em tecidos, feito através da incorporação de microesferas de carbono em forma de cebola em polidimetilsiloxano. As microesferas de carbono consistiam em numerosos nanoflocos que foram fabricados através da pirólise de politereftalato de etileno (PET) em CO_2 supercrítico a uma temperatura de 650 °C durante 3 h, seguida de um recozimento a vácuo subsequente a 1500 °C durante 0,5 h. Os autores [60] salientaram as semelhanças entre os materiais preparados, que têm uma rugosidade superficial muito elevada com uma folha de lótus. Indicaram também que o PET inicial pode ser selecionado a partir de resíduos. Por conseguinte, a combinação da reciclagem de resíduos sólidos como matéria-prima de carbono para a produção de materiais de carbono valiosos, com o fabrico de produtos de elevado valor acrescentado, como os tecidos super-hidrofóbicos, pode constituir uma solução viável para o tratamento sustentável de resíduos sólidos.

Foram fabricados têxteis de algodão com um elevado nível de super-hidrofobicidade [61] mergulhando amostras de algodão numa solução micelar de PDMS-b-poli[2-(cinamoiloxi)etilacrilato], PCEA, retirando-as e recozendo-as a 120 °C após evaporação do solvente. A irradiação UV de amostras de algodão através de uma máscara de amostras de algodão causou a reticulação da camada de ancoragem de PCEA à volta das fibras nas regiões não mascaradas. Foi relatado [61] que o copolímero reticulado não foi removido por tratamento com diclorometano, o polímero nas regiões não irradiadas foi prontamente dissolvido, regenerando as fibras de algodão. Uma vez que as regiões revestidas com PDMS eram super-hidrofóbicas e o algodão regenerado era hidrofílico, estes tratamentos deram origem a tecidos de algodão super-hidrofóbicos com padrões hidrofílicos . Embora as soluções à base de água, como a tinta, permeassem facilmente as regiões hidrofílicas, ficavam bloqueadas nas regiões super-hidrofóbicas. Assim, os reservatórios invertidos de tinta ou corante mantidos por estas amostras de algodão foram utilizados como carimbos para a impressão de tinta ou corante, reproduzindo o padrão original da máscara litográfica. O padrão foi impresso em tecidos, cartão, papel, madeira e folha de alumínio.

Os autores do estudo [62] investigaram o efeito da duração da reação de organosilano na formação de nanoestruturas de polimetilsilsesquioxano (PMSQ) na superfície hidrofóbica de fibras de algodão. A reação foi realizada em solução de metiltriclorossilano (MTCS) em diferentes tempos de duração, o que afecta a morfologia das nanoestruturas e também a sua densidade de cobertura. Estes dois factores parecem ter uma influência significativa no estado hidrofóbico da superfície. Para os tecidos com nanoranhuras finas e baixa cobertura da superfície, a adesão entre as gotículas e a superfície é elevada, de modo que as gotículas não podem deslizar, mesmo quando o tecido é fumigado de cabeça para baixo (superfície "pegajosa"), ao passo que para os tecidos com a elevada densidade de área dos nanofilamentos emaranhados, a adesão é baixa e as gotículas podem rolar ao inclinar a placa (superfície "escorregadia"). Na opinião dos autores [62], os resultados descritos seriam úteis para compreender o papel da cobertura da superfície e da morfologia das nanoestruturas no comportamento super-hidrofóbico dos tecidos.

Várias publicações [63-68] têm sido dedicadas a um novo grupo de nanoestruturas designadas por nanofilamentos de silicone (SNFs) obtidos por CVD numa só etapa de metiltriclorosilano em vários substratos poliméricos, incluindo PET (Fig. 8a e b). Os SNFs estão emaranhados e alguns sobressaem da superfície com um diâmetro de 20-50 nm e um comprimento que pode variar entre várias centenas de nanómetros e 1000 microns. Os materiais revestidos com SNF são considerados altamente transparentes e excecionalmente super-hidrofóbicos com elevada transparência. Os autores [64-68] demonstraram que os revestimentos apresentam uma estabilidade relativamente elevada em solventes orgânicos e soluções detergentes ligeiramente ácidas. Além disso, o revestimento parece ser estável à intempérie no exterior, pelo menos durante um ano, e à radiação UV. A utilização da tecnologia proposta permite não só tornar super-hidrofóbicos vários têxteis fabricados a partir de fibras naturais e sintéticas, mas também manter inalterados os parâmetros têxteis. A flexibilidade e as propriedades super-hidrofóbicas dos têxteis PET revestidos com SNF tornam-nos reutilizáveis para a separação selectiva óleo/água e para a absorção de óleo com maior eficiência (Fig. 8c-e) [67].

Os revestimentos super-hidrofóbicos em madeira e têxteis foram feitos através de uma abordagem fácil, numa só etapa, assistida por ultra-sons , que combina a síntese de nanopartículas de sílica funcionalizadas com octiltrietoxisilano e a sua incorporação in situ em tecidos de algodão [69]. Este processo parece ser muito mais simples do que o conhecido processo de revestimento em duas fases: formação de rugosidade à escala nanométrica em fibras à escala microscópica e subsequente hidrofobização por materiais de baixa energia superficial. As imagens SEM e AFM dos materiais preparados com um valor CA de cerca de 153° revelaram que as nanopartículas de sílica funcionalizadas formaram um conjunto quase compacto nas fibras e aumentaram o valor da rugosidade do tecido. Foi demonstrado [69] que o revestimento era transparente e não podia afetar a cor do tecido. Além disso, o revestimento demonstrou uma elevada estabilidade contra ciclos de lavagem repetidos.

De acordo com dados [70], embora tenham sido identificadas muitas aplicações promissoras para a super-hidrofobicidade e existam vários métodos fáceis para fabricar tecidos e revestimentos super-hidrofóbicos, a utilização em grande escala de superfícies super-hidrofóbicas é limitada. Este facto pode ser atribuído à baixa resistência ao desgaste, que é um problema comum dos materiais super-hidrofóbicos [71,72]. As estruturas superficiais relativamente frágeis à escala micrométrica e nanométrica são facilmente danificadas em caso de utilização contínua, principalmente devido à abrasão. As superfícies super-hidrofóbicas fabricadas artificialmente não são capazes de renovar e curar os danos de forma semelhante às superfícies naturais. O fabrico de superfícies robustas, que possam manter as suas funcionalidades mesmo em condições de desgaste, é uma das questões importantes a abordar com os tecidos e revestimentos super-hidrofóbicos.

No entanto, nos últimos 5 a 10 anos, foram registados alguns progressos notáveis na produção de superfícies super-hidrofóbicas robustas. Em especial, o revestimento super-hidrofóbico proposto na publicação [73] é capaz de manter as suas propriedades repelentes de líquidos mesmo quando a camada superficial mais superficial foi desgastada ou retirada com fita adesiva. Os autores do artigo [74] aplicaram um revestimento compósito de borracha de silicone/nanopartículas super-hidrofóbicas altamente durável em tecidos, que foi capaz de sobreviver a 500 ciclos de lavagem sem qualquer alteração significativa das suas propriedades molhantes.

Recentemente, foram introduzidas com êxito funções de auto-regeneração em superfícies super-hidrofóbicas [75-77]. O primeiro revestimento super-hidrofóbico auto-regenerativo foi fabricado em 2010 [74]. No entanto, baseou-se na utilização de um revestimento de polímero modificado com flúor nanoestruturado, pelo que esta abordagem não se insere no âmbito da presente panorâmica.

De acordo com [70], embora muitas superfícies super-hidrofóbicas naturais possuam uma rugosidade de dupla escala que contribui para aumentar a mobilidade das gotículas de água e as propriedades de auto-limpeza, é razoável concluir que a rugosidade hierárquica da superfície não é uma condição necessária para a super-hidrofobicidade com baixa adesão das gotículas e propriedades de auto-limpeza, mas que podem ser obtidas propriedades super-hidrofóbicas semelhantes com uma rugosidade superficial submicrométrica de escala única. Parece razoável que uma razão importante para a natureza ter escolhido uma rugosidade hierárquica de dupla escala para muitas das suas superfícies super-hidrofóbicas, por exemplo, a folha de lótus, seja a melhoria da resistência ao desgaste das superfícies frágeis [78,79]. .

O fabrico de superfícies super-hidrofóbicas em substratos à base de celulose, como papel, cartão e tecidos de algodão, atraiu recentemente uma atenção considerável dos especialistas. Estes materiais versáteis e baratos, feitos de fibras de celulose renováveis e biodegradáveis, têm muitas propriedades atractivas, como a acessibilidade, a reciclabilidade, a flexibilidade e a resistência mecânica [70]. As propriedades super-hidrofóbicas da superfície do papel e do algodão podem aumentar ainda mais o seu potencial comercial e alargar a sua aplicação em domínios como a impressão, a microfluídica e o diagnóstico. Contudo, o fabrico de superfícies super-hidrofóbicas em materiais à base de celulose pode ser difícil devido à complexidade da estrutura da superfície e à baixa resistência térmica e química destes materiais.

Um dos primeiros estudos sobre abordagens sem flúor para um papel super-hidrofóbico foi publicado em 2006 [80]. Em 2013, foi publicado um procedimento mais pormenorizado de revestimento de papel para o tornar super-hidrofóbico, utilizando a deposição de nanopartículas a partir de pulverização de chama líquida [81]. Foram preparados revestimentos nanoestruturados num cartão flexível e móvel, utilizando a deposição de nanopartículas de dióxido de titânio com cerca de 40 nm de dimensão, geradas por um processo de pulverização de chama líquida (LFS), tal como apresentado na Fig. 9. Neste processo, a matéria-prima líquida é injectada e atomizada numa chama de alta temperatura de oxigénio-hidrogénio (até 2600°C). A chama evapora gotículas líquidas de precursor de titânio e, após processos termoquímicos, seguidos de nucleação, produz nanopartículas [82]. De acordo com os autores do estudo [81], o precursor líquido de titânio pode ser substituído com sucesso por um precursor gasoso, como o $TiCl4$, para evitar o aparecimento do modo residual. As nanopartículas de dióxido de titânio produzidas são utilizadas para nanorrevestimentos por tratamento por chama direta. De facto, a formação de partículas no processo LFS segue duas vias: (1) a via das nanopartículas a partir da nucleação da fase de vapor e (2) a via das partículas nanométricas ou micrométricas através da reação líquido-sólido nas gotículas residuais, remanescentes do spray [83] .

Como se pode ver na Fig. 9, o queimador LFS está localizado diretamente acima do cartão, com uma distância entre eles de cerca de 15 cm. O revestimento com uma fina camada de nanopartículas melhorou visivelmente as propriedades funcionais do material, como a molhabilidade da superfície. Verificou-se que, para a vulnerabilidade ao calor, o substrato tem de ser movido rapidamente através da chama. Este facto, no entanto, criou uma situação que suporta um processo de revestimento rolo-a-rolo, o que favorece o aumento de escala da tecnologia proposta [81]. Os autores deste estudo caracterizaram o processo de chama para revestimento de nanopartículas e quantificaram as condições operacionais para este método. A quantidade de nanopartículas de TiO2 depositadas em função da velocidade do substrato através da chama foi estimada e os parâmetros óptimos de processamento foram determinados. Verificou-se que o rendimento total do material precursor injetado no nanorrevestimento de dióxido de titânio no cartão varia entre 5 e 20% em massa. Tendo em conta esta gama de rendimentos, conseguiu-se uma carga em massa de 10-50 mg/m2 de dióxido de titânio no cartão, o que levou à produção de uma superfície altamente hidrofóbica (valores CA até 139°).

Considerando os métodos químicos húmidos para aumentar a hidrofobicidade dos tecidos de algodão, deve ser mencionada uma abordagem de revestimento por imersão descrita em artigos [84-87]. Assim, os autores da publicação [84] relataram uma preparação de tecidos de algodão revestidos por imersão em hidrossóis de sílica, que subsequentemente foram hidrofobizados através da auto-montagem de hexadeciltrimetoxissilano. O sol de sílica foi preparado através da hidrólise de uma solução de silicato de sódio. Num procedimento sintético típico, 10,0 ml de solução de silicato de sódio foram adicionados a 80 ml de água destilada e agitados à temperatura ambiente durante 10 minutos. Em seguida, 10 ml de solução de HCl 2,0 M foram adicionados gota a gota à solução de silicato de sódio, com agitação, para produzir a solução de silicato de sódio.

de silicato de sódio, com agitação, para produzir um hidrossol de sílica. Na etapa seguinte, os tecidos de algodão foram imersos no hidrossol de sílica durante 3 minutos e, em seguida, acolchoados com um apanhado húmido de 70-80%. As amostras foram secas a 80°C durante 5 minutos, enxaguadas com água e novamente secas a 80°C durante 10 minutos. Os tecidos tratados foram então imersos na solução etanólica de hexadeciltrimetoxissilano hidrolisado (4% em peso) durante 4 horas, secos à temperatura ambiente e curados a durante 1 hora numa estufa. As melhores propriedades hidrofóbicas com CA de água de 151° foram alcançadas no revestimento que consistia em partículas de sílica com um diâmetro médio de 21 nm.

O revestimento super-hidrofóbico em papel de filtro foi preparado por imersão das amostras de papel numa suspensão aquosa de pigmentos de carbonato de cálcio precipitado e nanofibras de celulose [85]. No passo seguinte, as amostras foram secas entre duas folhas de papel absorvente num secador de tambor a uma temperatura de 112°C durante 18 minutos. Após o processo de revestimento por imersão, as amostras foram hidrofobizadas numa solução de dímero de alquilceteno (AKD) em n-heptano e curadas numa estufa a uma temperatura de 105°C durante 30 minutos. Os AKD são derivados do diceteno que contêm grupos alquilo hidrofóbicos que se estendem a partir de um anel de propiolactona. Um exemplo específico é derivado da dimerização do ceteno do ácido esteárico preparado por pirólise do cloreto de estearoílo. Os AKDs são capazes de reagir com os grupos hidroxilo da celulose através da reação de esterificação. A esterificação é competitiva com a hidrólise do AKD.

De acordo com os dados [85], o papel de filtro revestido foi caracterizado com CA de 160°. As nanofibras de celulose desempenharam um papel crítico na formação da camada de revestimento hierarquicamente estruturada. Actuaram como agentes de ligação entre as partículas de carbonato de cálcio precipitado e o substrato.

Os autores do estudo [86] relataram a formação de superfícies altamente hidrofóbicas em tecidos de algodão e poliéster utilizando um sol de sílica formado por hidrólise e subsequente condensação de tetraetoxisilano em condições alcalinas, seguido de hidrofobização utilizando hexadeciltrimetoxisilano hidrolisado.

Os tecidos fabricados demonstraram uma excelente repelência à água com um ângulo de contacto com a água tão elevado como 155° no algodão e 143° no poliéster. A elevada hidrofobicidade dos tecidos tratados foi explicada pela presença do hexadeciltrimetoxisilano hidrofóbico, bem como pelo aumento da rugosidade do sol de sílica, que continha partículas de sílica com cerca de 52 nm de diâmetro nas superfícies dos materiais tratados. As propriedades físicas do algodão super-hidrofóbico foram comparadas com as propriedades do algodão não modificado. A comparação revelou uma ligeira diminuição da resistência à tração do algodão revestido (< 10%). As alterações da brancura e da permeabilidade ao ar do algodão foram consideradas negligenciáveis. Os testes de lavagem revelaram que o revestimento super-hidrofóbico não podia suportar vários ciclos de lavagem, porque após 5 ciclos a CA da água no algodão revestido tinha diminuído para ~125°, e após 30 ciclos para ~95°. .

De acordo com os dados [87], o sol de sílica contendo partículas foi sintetizado por co-hidrólise e co-condensação de dois precursores de silano, o tetraetilortosilicato (TEOS) e um silano orgânico composto por um grupo funcional não hidrolisável (por exemplo, alquilo e fenilo), e utilizado para produzir revestimentos super-hidrofóbicos em tecidos. Verificou-se que os grupos funcionais não hidrolisáveis nos silanos orgânicos têm um impacto significativo na molhabilidade da superfície do tecido. Quando o grupo funcional era alquilo de cadeia longa (C16) ou fenilo, as superfícies tratadas apresentavam uma super-hidrofobicidade superior com uma CA superior a 170°. Foi examinado o efeito de diferentes receitas de sol no tamanho das partículas, na hidrofobicidade e na durabilidade do revestimento. Quando um grupo epóxido contendo silano, o 3-glicidoxipropiltrimetoxissilano, foi adicionado ao sol, a hidrofobicidade do revestimento diminuiu ligeiramente, mas a sua durabilidade em lavagem melhorou visivelmente. Os autores do estudo [72] registaram uma diminuição de apenas 10° no valor de CA após 50 ciclos de lavagem.

Foi utilizado um reagente industrial à prova de água (siliconato de metilo e potássio, PMS) para fabricar uma superfície super-hidrofóbica num material à base de celulose (tecido ou papel de algodão) através de um método de imersão em solução [88]. Este método envolveu um conjunto de ligações de hidrogénio e um processo de policondensação. O silanol, que foi formado por uma reação de solução aquosa de PMS com dióxido de carbono, foi montado na superfície da molécula de celulose através de interações de ligações de hidrogénio. Os revestimentos de polimetilsilsesquioxano foram formados por uma reação de policondensação do hidroxilo entre a celulose e o silanol. Para obter um revestimento denso com protuberâncias de rugosidade à escala nanométrica uniformemente cobertas pela superfície, as amostras foram curadas num forno de vácuo a 120°C durante 30 minutos. Após a cura, a celulose foi transformada de super-hidrofílica em super-hidrofóbica com um valor CA de 157°. Os revestimentos super-hidrofóbicos revelaram-se satisfatórios no que respeita à durabilidade química e mecânica. Além disso, devido à transparência dos revestimentos, o tecido de algodão nativo não apresentou alterações no que respeita à morfologia ou à cor. O carácter super-hidrofóbico do tecido de algodão revestido manteve-se após 20 ciclos de lavagem e o revestimento foi capaz de resistir a tratamentos com soluções aquosas numa vasta gama de pH.

Os autores do artigo [89] realizaram um tratamento de papel de filtro com uma mistura de nanopartículas de sílica modificadas com PDMS (tamanho médio de partícula de 14 nm) e solução de poliestireno em tolueno para obter materiais super-hidrofóbicos a serem usados na absorção selectiva e separação de líquidos que diferem na tensão superficial. O tratamento foi efectuado por imersão do papel na solução de revestimento durante cerca de 15 s, após o que o papel foi seco numa estufa a 60°C durante várias horas. O papel de filtro tratado demonstrou excelentes propriedades super-hidrofóbicas com uma CA de 158° e absorveu completamente líquidos orgânicos, tais como hidrocarbonetos (hexano e octano), bem como óleo diesel. A estabilidade química do revestimento foi avaliada através da exposição da amostra a soluções aquosas de pH variável entre 1 e 14. Os materiais preparados mostraram uma elevada tolerância a condições ácidas e básicas, uma vez que os CAs na superfície permaneceram superiores a 150°. Além disso, o papel de filtro também pode extrair etanol de uma solução aquosa homogénea.

Um método simples de revestimento por pulverização para fabricar um revestimento super-hidrofóbico transparente em papel e algodão foi apresentado num artigo [90]. Neste método, nanopartículas de sílica modificadas com dodeciltriclorosilano com um tamanho médio de 25 nm em diferentes suspensões de álcool foram pulverizadas manualmente sobre os substratos, após o que as amostras foram secas à temperatura ambiente durante a noite. Foi demonstrado que o estado de agregação das partículas e, por conseguinte, a hidrofobicidade do revestimento, pode ser controlado pela escolha do álcool na suspensão de nanopartículas . A suspensão de etanol proporcionou a melhor hidrofobicidade do revestimento com CA de 155°. Os autores referiram que a super-hidrofobicidade do papel revestido também se manteve após a dobragem da amostra.

O revestimento super-hidrofóbico transparente em papel com CA até 163° foi preparado por pulverização de nanopartículas de sílica modificadas com octadeciltriclorosilano com um tamanho de partícula de cerca de 50 nm em suspensão de etanol [91]. O revestimento por pulverização foi aplicado 10-20 vezes repetidamente, após o que o revestimento foi seco à temperatura ambiente durante 1 h.

Os autores do artigo [92] relataram um procedimento biomimético para preparar têxteis de algodão super-hidrofóbicos. O processo proposto, que incluiu a introdução *in situ* de partículas de sílica nas fibras de algodão, foi capaz de gerar uma rugosidade superficial de tamanho duplo. No passo seguinte, foi efectuada a hidrofobização com polidimetilsiloxano, que levou à transformação do algodão normalmente hidrofílico em material super-hidrofóbico com um valor de CA de 155°. A adesão das partículas ao substrato de algodão foi testada através da sonicação da amostra num banho de etanol. Não foram observadas alterações significativas na molhabilidade da superfície após o procedimento de sonicação, o que indicou uma boa adesão entre as partículas de sílica e as fibras de algodão.

O estudo [93] foi dedicado ao fabrico de tecido de algodão hidrofóbico contendo nanopartículas de Cu, que mostrou uma excelente atividade antibacteriana contra bactérias gramnegativas e gram-positivas. Os autores desta investigação efectuaram a síntese de um sol de sílica utilizando o método sol-gel, dopado com duas quantidades diferentes de Cu. As soluções de nanopartículas coloidais de SiO2 foram preparadas pelo conhecido método de Stober [94]: 25 ml de etanol, 1 ml de hidróxido de amónio, 3,6 ml de água destilada e 11,5 ml de tetraetoxisilano foram misturados durante 2 h à temperatura ambiente. As soluções de sílica preparadas foram dopadas com duas quantidades diferentes (0,5% e 2,0% wt/wt) de nanopartículas de Cu (comercialmente disponíveis na PlasmaChem GmbH, Alemanha, com um tamanho de 40 nm) e, em seguida, foram sonicadas durante 30 min. As amostras de tecido de algodão foram imersas nas soluções a 30°C durante 5 min, secas durante 24 h à temperatura ambiente e curadas a 160°C durante 5 min, respetivamente. Algumas amostras foram imersas em hexadeciltrimetoxissilano hidrolisado e diluído (com 4% p/p de etanol) durante 4 h à temperatura ambiente, o que levou ao bloqueio dos grupos hidroxilo. No passo final, estas amostras foram curadas a 120°C durante 1 h. A eficiência antibacteriana das amostras foi avaliada quantitativamente utilizando o método AATCC 100. A adição de 0,5% (wt/wt) de Cu ao sol de sílica fez com que as nanopartículas de sílica se aglomerassem em grupos mais parecidos com uvas nos tecidos de algodão. Esta superfície fabricada possui o nível mais elevado de hidrofobicidade com um valor CA de 155°, provavelmente devido à capacidade de retenção de ar da sua estrutura inclinada. No entanto, a presença de maiores quantidades de nanopartículas de Cu (2% wt/wt) no sol de sílica resultou na superfície lisa mais escorregadia em tecidos de algodão

Foi fabricada uma película super-hidrofóbica de nanobastões de ZnO sobre fibras de algodão utilizando uma via química húmida (procedimento dip-pad-cure) e subsequente modificação com uma camada de n-dodeciltrimetoxisilano [95]. A cura foi efectuada a 170°C durante 3 minutos. O procedimento de dip-pad-cure foi repetido três vezes para obter uma película densa de sementes de nanocristais no algodão, sobre a qual a matriz de nanobastões de ZnO foi depois cultivada hidrotermicamente por imersão da amostra na solução reagente a 90°C durante 3 h. Os tecidos de algodão modificados apresentaram super-hidrofobicidade com um CA de 61° para gotículas de água de 8μL e um ângulo de roll-off de 9° para gotículas de água de 40 μL. Verificou-se que a rugosidade adequada da superfície e a energia de superfície mais baixa desempenharam papéis importantes na criação da superfície super-hidrofóbica.

Capítulo 7

Experiência de aumento de escala com materiais híbridos à base de polímeros

Como foi referido na secção 1, os materiais híbridos orgânico-inorgânicos têm merecido muita atenção nos últimos tempos devido ao facto de poderem ser facilmente sintetizados e produzidos em grande escala [1].

Tal como descrito na secção 1, a combinação de polímeros orgânicos com nanopartículas hidrofóbicas tem sido amplamente estudada e existem centenas de publicações sobre a experiência laboratorial no domínio do fabrico desses materiais. No entanto, uma panorâmica relativamente recente [2] forneceu vários exemplos de experiências de aumento de escala neste domínio.

Por exemplo, os nanocompósitos orgânicos-inorgânicos (O-I) à base de aerogel/polímero podem ser considerados como um desses exemplos. Apesar das espantosas caraterísticas e propriedades intrínsecas dos aerogéis, a maior parte dos aerogéis já fabricados apresentam um mau comportamento mecânico: são frequentemente muito frágeis e quebradiços. Este facto representa um sério inconveniente para as suas aplicações comerciais. A hibridação O-I de aerogéis supera esta falta de propriedades mecânicas. Foram desenvolvidas várias estratégias que resultaram num aumento das propriedades mecânicas e facilitaram o seu manuseamento posterior [2,96,97]

Uma destas estratégias baseia-se na co-condensação de um polidimetilsiloxano (PDMS) flexível com TEOS. Os géis obtidos apresentam uma flexibilidade semelhante à da borracha e, com 20% de PDMS, podem ser comprimidos elasticamente em 30% [98]. Tais propriedades mecânicas (alta compressibilidade e elasticidade) também foram alcançadas com aerogéis sintetizados com metiltrimetoxisilano como um precursor único, exibindo capacidade de compressão entre 60 e 80% [99,100]. Este comportamento foi atribuído a três factores proporcionados por esta rede híbrida. Em primeiro lugar, com um trialcoxisilano organicamente substituído, a rede resultante apresenta uma densidade de reticulação mais baixa, tornando o gel macroscópico mais flexível do que a sílica pura. Em segundo lugar, a baixa densidade de grupos silanol dificulta o encolhimento não reversível. Em terceiro lugar, os grupos metilo estão homogeneamente distribuídos com elevada densidade na rede, que se repelem mutuamente durante a contração temporal por compressão. Para além da melhoria das propriedades mecânicas, estes aerogéis são altamente hidrofóbicos (CA > 160°), que é a principal área de interesse para o desafio atual.

Outra forma interessante de melhorar as propriedades mecânicas dos aerogéis consiste na dopagem/reforço dos aerogéis através da reticulação de polímeros orgânicos nos esqueletos originais do gel. Com base na observação de que os polímeros podem ser reforçados por cargas inorgânicas, os autores dos estudos [101-103] aumentaram com êxito as propriedades mecânicas dos aerogéis dopando as cargas (ou seja, os aerogéis) com polímeros. Utilizando sílica gel pura [101] ou sílica gel húmida modificada com aminoácidos [102,103] (com 3-aminopropiltrietoxissilano como co-precursor), a polimerização foi efectuada com diisocianatos [101], epóxidos multifuncionais [102] ou derivados de p-clorometilestireno/estireno [103] antes da etapa de secagem.

No entanto, enquanto as propriedades mecânicas (resistência, rigidez, flexibilidade) são geralmente melhoradas pela polimerização orgânica, a capacidade de isolamento, a transparência ótica e a área de superfície são simultaneamente reduzidas. Foi possível, no entanto, aumentar as propriedades mecânicas dos aerogéis e, por conseguinte, passar a um desenvolvimento comercial baseado noutro tipo de reforço [2]. Tal como as barras de aço reforçam o betão nos edifícios, os aerogéis podem ser reforçados por microfibras. Utilizando esta abordagem, a Aspen Aerogels, Inc. começou a fabricar, no início dos anos 2000, mantas compósitas de aerogel de sílica hidrofóbica com fibras flexíveis através de um processo de impregnação com sol seguido de secagem supercrítica com CO_2. Dependendo da formulação dos compósitos (por exemplo, o tipo de fibras: orgânicas ou inorgânicas), os cobertores de isolamento à base de aerogel foram concebidos para aplicações criogénicas (Criogéis), para vestuário e confecções (Pirogéis/Espacelofts) ou para aplicações a altas temperaturas (Pirogéis), permitindo assim o isolamento de - 265 °C a 650 °C.

Além disso, devido à sua baixa espessura, flexibilidade e facilidade de manuseamento, podem facilmente isolar qualquer tipo de equipamento da fábrica (tubagens, torres, tanques, etc.), mesmo em espaços confinados.

Os seus produtos encontram-se atualmente em oleodutos submarinos (isolamento "pipe in pipe"), refinarias, vestuário de inverno (Fig.10), construção civil. Tendo em conta a elevada transparência ótica dos aerogéis, para além das suas propriedades de isolamento (térmico e acústico), a Cabot Corporation incorporou os seus grânulos de nanogéis em sistemas de iluminação natural, proporcionando um melhor isolamento e mantendo uma transmissão óptima da luz. Os grânulos/partículas de aerogel podem ser incorporados em muitos sistemas de iluminação natural existentes (painéis compostos estruturais , sistemas estruturais de policarbonato, vidro com canal em U, unidades de vidro isolado, etc.).

Considerando as aplicações comerciais dos nanocompósitos de polímeros híbridos, os autores da síntese [2] notaram que, tendo em conta a extensa variedade de nano-objectos, na sua maioria disponíveis comercialmente (partículas à base de óxidos, oxoclusters, POSS, argilas, nanoMOFs, metais, pontos quânticos, nanotubos de carbono) e polímeros existentes, as suas potenciais combinações e, consequentemente, as propriedades sinergéticas dos nanocompósitos resultantes são essencialmente infinitas. Em muitos casos, a matriz polimérica permite uma fácil moldagem e um melhor processamento dos materiais. Os componentes inorgânicos proporcionam principalmente estabilidade mecânica e térmica, mas também novas funcionalidades que dependem da natureza química, da estrutura, do tamanho, da forma e da cristalinidade da fase inorgânica [104].

O componente inorgânico pode implementar ou melhorar as propriedades electrónicas, magnéticas e redox, a densidade, o índice de refração, etc. Obviamente, os materiais finais não são apenas a soma dos componentes primários, mas espera-se um grande efeito de sinergia da coexistência próxima das duas fases através de efeitos de domínio de tamanho e da natureza das interfaces. De um modo geral, as principais caraterísticas de cada fase são preservadas ou mesmo melhoradas nos nanocompósitos O-I (estabilidade, comportamento mecânico e térmico, propriedades específicas, hidrofobicidade, etc.) e, além disso, também se observam frequentemente novas propriedades resultantes da sinergia de ambos os componentes [2].

Vale a pena mencionar que as adições de baixo volume (1-10%) de nano-objectos proporcionam melhorias nas propriedades mecânicas (como a rigidez elástica e a resistência) em relação ao polímero puro que são comparáveis às alcançadas por cargas convencionais (15-40%) de cargas inorgânicas tradicionais à escala micrométrica. Isto é geralmente explicado pela grande área de superfície em relação ao volume dos nano-objectos quando comparados com os micro e macro-aditivos. Para além disso, a menor carga de partículas facilita o processamento e reduz o peso do componente.

De acordo com o artigo [2], os desenvolvimentos comerciais dos nanocompósitos O-I envolvem principalmente dois tipos de nano-objectos: partículas à base de óxido (partículas à base de sílica na maior parte do tempo) e argilas. Este facto pode ser facilmente explicado pela disponibilidade comercial e pelo custo relativamente baixo destes nano-objectos. Foram investigadas várias estratégias para preparar estes nanocompósitos, dependendo dos estados iniciais dos materiais orgânicos e inorgânicos. A matriz polimérica pode ser formada a partir de precursores moleculares (monómero - oligómero), polímero linear pré-formado (em estado fundido, solução ou emulsão) ou uma rede polimérica já reticulada. Os nano-objectos podem ser introduzidos na parte orgânica quer como precursores moleculares quer como nano-objectos pré-formados. Na prática, a maioria dos desenvolvimentos comerciais envolve nano-objectos pré-formados. Estes nano-objectos podem ser incorporados na matriz polimérica por (i) processamento por fusão (mistura direta de nano-objectos com a fusão do polímero), por (ii) processamento em solução (é utilizado um solvente comum para dispersar nano-objectos numa solução polimérica), por (iii) uma polimerização in situ (dispersão de nanopartículas diretamente no monómero ou na solução de monómero).

Uma vez que as propriedades mecânicas e físicas dos nanocompósitos O-I dependem diretamente da dispersão uniforme dos nanocarregadores no interior das matrizes poliméricas, é normalmente necessário um passo de modificação da superfície para obter elevadas taxas de dispersão. A funcionalização destes nano-objectos requer moléculas capazes de se ligarem à superfície das partículas e de interagirem com a matriz polimérica. Devem então apresentar grupos de ancoragem que interagem com as partículas inorgânicas através de ligações covalentes, coordenativas, electrostáticas ou de hidrogénio e uma parte orgânica capaz de formar ligações covalentes (através de um processo de polimerização) à matriz polimérica ou de interagir através de forças de van der Waals. Podem ser utilizados numerosos compostos para modificar organicamente a superfície dos nanoobjectos, entre os quais agentes de acoplamento de silano, agentes complexantes/quelantes, tensioactivos, copolímeros em bloco, catiões orgânicos de amónio/fosfónio [105-111].

De acordo com os autores da revisão [2], existe uma forte onda de pensamento e determinação científica e social que procura uma harmonização entre a natureza e o engenho humano. Neste sentido, os materiais e sistemas criados pelo homem devem tornar-se cada vez mais recicláveis, amigos do ambiente, energeticamente eficientes, fiáveis e baratos. Novas estratégias ecológicas para processar híbridos em água utilizando polímeros naturais e meios sem COV estão já a ser investigadas a nível académico. Neste contexto muito ativo, a emergência do mundo híbrido no domínio dos materiais inteligentes já começou e o seu crescimento contínuo parece garantido devido a uma série de factores facilmente identificáveis. A título de exemplo, podemos mencionar as limitações económicas e técnicas, que surgem sempre na tecnologia atual e que são contrastadas pela abundância inesgotável de estruturas híbridas com um continuum quase infinito de propriedades.

Simultaneamente, as abordagens preditivas para orientar o nosso conhecimento da paisagem material e domar esta abundância tornar-se-ão mais acessíveis devido à ligação entre as disciplinas químicas e físicas, uma tendência que está agora a expandir-se à biologia. Estas abordagens preditivas estão fortemente associadas ao desenvolvimento de estudos fundamentais mais sistemáticos que permitirão a caraterização da estrutura e da dinâmica das interfaces híbridas ou tornarão possível, através da monitorização e caraterização em tempo real, todas as etapas de formação, desde os precursores moleculares até aos materiais finais. Estas experiências são de extrema importância, uma vez que conduzirão ao conhecimento e controlo completos destes materiais complexos, cujas propriedades optimizadas resultam de um acoplamento químico eficiente. Isto permitirá abordagens preditivas à engenharia molecular, permitindo que os materiais híbridos atinjam a maturidade total, facilitando assim um desenvolvimento mais alargado a uma maior escala industrial.

Como exemplo da abordagem industrial para o tratamento de tecidos sintéticos (nylon, poliéster, etc.), parece apropriado mencionar a tecnologia da Shin Etsu Corporation [112,113]. Esta empresa desenvolveu e comercializou o processo de fabrico de emulsões de óleo em água que consistem em dimetilsilicone ou silicone modificado emulsionado com vários emulsionantes. Os silicones são quimicamente inactivos, têm uma tensão superficial muito baixa e proporcionam uma boa repelência à água, capacidade de libertação e lubrificação. Assim, os silicones também são normalmente utilizados como agentes de processamento de fibras e tecidos. São utilizadas para tratar tecidos sintéticos feitos de poliésteres e poliamidas para os tornar repelentes de água ou impermeáveis, para conferir flexibilidade e são normalmente utilizadas para melhorar a textura e a costura de produtos têxteis, resultando em produtos de maior qualidade e mais funcionais.

Para além de formar um revestimento (película de óleo ou revestimento duro) nos têxteis para proporcionar uma excelente repelência à água, o silicone reduz consideravelmente o coeficiente de fricção entre as fibras para obter uma suavidade distinta. A película flexível que se forma na superfície da fibra melhora a durabilidade do tecido no que respeita à lavagem e à limpeza a seco. Os tecidos têm uma excelente resiliência de ressalto ("stretch-back") devido ao revestimento elástico flexível que se forma na superfície da fibra. Os agentes de processamento de silicone melhoram o efeito hipercrómico e a solidez da cor devido ao revestimento transparente que se forma na superfície da fibra. As ligações químicas que formam a espinha dorsal são ligações de siloxano (Si-O-Si), pelo que a energia de ligação interatómica destes agentes de transformação é elevada e têm uma excelente resistência às intempéries e ao calor.

Para além das emulsões de óleo em água, a Shin Etsu desenvolveu os repelentes de água à base de solventes.

A Tabela 1 mostra as informações gerais relacionadas com as propriedades de dois repelentes de água à base de solvente que contêm silicones reactivos diluídos com um solvente orgânico. Ao contrário dos repelentes de água do tipo emulsão, os reagentes à base de solvente não apresentam nenhum dos efeitos negativos associados aos emulsionantes e, como os solventes orgânicos penetram facilmente nas fibras, o tratamento de repelência à água é altamente eficaz.

Referindo-se ao Quadro 1, o KS-7001 é um repelente de água de um componente e à temperatura ambiente. Tem um bom desempenho em tecidos de poliamida e poliéster, proporcionando uma textura húmida suave e sedosa. Outro produto, o POLONCOAT-E, proporciona uma impermeabilização altamente duradoura. Estes repelentes de água podem ser utilizados para o tratamento anti-derretimento de fibras sintéticas e para o tratamento de tecidos para aumentar a resistência ao ressalto.

O boletim técnico [112] fornece alguns pormenores sobre os procedimentos de tratamento de tecidos feitos de fibras sintéticas. Indica-se que, se o tecido for tratado para a repelência à água, é necessário limpar o tecido em bruto. Os agentes de colagem hidrofílicos, os tensioactivos, as soluções de óleo e outras substâncias permanecem quando o têxtil é tratado com silicone, será difícil conseguir uma boa repelência à água e o tratamento será menos durável contra lavagens repetidas.

A fim de tornar o tratamento mais eficaz, foram desenvolvidos vários catalisadores [112] (Quadro 2). No entanto, deve ser mencionado que, em geral, o utilizador pode ter problemas com os tratamentos têxteis de silicone se o agente principal e o catalisador forem misturados diretamente. No caso dos produtos de emulsão, isto pode significar gelificação ou separação; no caso dos produtos de tipo solução, pode levar ao espessamento ou à redução da estabilidade do banho de tratamento. Por conseguinte, é fundamental deluir os componentes antes da mistura. Para além disso, foi referido [112] que o método de preparação da solução de tratamento difere de produto para produto, pelo que é importante garantir a utilização de um método que funcione para um determinado produto.

Quanto ao tipo de procedimento de aplicação, podem ser utilizados a imersão, o revestimento ou o revestimento. Recomenda-se vivamente a utilização de cubas de aço inoxidável, que devem ser cuidadosamente limpas antes da aplicação. A temperatura do banho deve ser mantida abaixo de 30◦C para evitar a degradação da solução de tratamento.

Em geral, os tecidos devem ser primeiro secos para remover a humidade ou o solvente, em preparação para o tratamento térmico. As condições de tratamento variam em função de vários factores, incluindo o tipo de fibra, a espessura do tecido, a resina utilizada em combinação e o secador utilizado. Mas, regra geral, deve ser utilizado um equipamento de cozedura ou um equipamento de aquecimento capaz de aquecer a 120-180◦C (Quadro 3).

Se o tecido for tratado apenas com silicone, geralmente não há necessidade de ensaboar ou lavar com água morna. No entanto, quando os tratamentos têxteis de silicone do tipo emulsão são utilizados em combinação com agentes de tratamento de resina, o tecido deve ser ensaboado ou lavado em água morna para remover resinas não reagidas, tensioactivos ou outras substâncias indesejadas para aumentar o efeito de repelência à água e para remover odores.

Considerando os diferentes métodos de tratamento de tecidos de poliéster, é necessário mencionar o procedimento de fabrico de nanocompósitos O-I contendo nanopartículas de dióxido de titânio [114]. O agente de sol e acabamento Nano-TiO2 foi preparado pelo método sol-gel, durante o qual o titanato de tetrabutilo foi utilizado como precursor e o etanol foi utilizado como solvente. O agente foi penetrado no tecido de poliéster através de um método de enchimento, o desempenho anti-ultravioleta do tecido foi analisado e a morfologia externa foi cuidadosamente estudada posteriormente. Os resultados mostraram que as partículas de Nano-TiO2 se distribuem uniformemente com uma dispersão fina (Fig. 11) e estabilidade e os tecidos acabados demonstraram um desempenho anti-ultravioleta excecional.

As Fig. 11A e 11B mostram a topografia da superfície da fibra após 1000 vezes de ampliação. Comparando as duas imagens, podemos ver que a superfície da fibra não acabada é lisa e elegante, enquanto que a acabada tem Nano-TiO2 depositado na superfície da fibra, variando de forma inconsecutiva com alguma agregação formada devido ao fenómeno de auto-agregação de Nano-TiO2 com tamanho mínimo de partícula. As partículas consecutivas de Nano-TiO2 variaram de forma dispersa, dando origem a uma superfície irregular.

O seguinte procedimento foi utilizado para a preparação de nanopartículas de dióxido de titânio.

Adicionar uma certa quantidade de precursor de titanato de tetrabutilo ao etanol anidro numa proporção de 1:10, agitar o suficiente para obter uma solução mista A totalmente resolvida. Em seguida, colocar o catalisador HNO3 em água destilada para fazer a solução mista B e depois adicionar A a B gota a gota sob agitação rápida. Mantendo este estado à temperatura ambiente durante um certo período de tempo, pode ser preparado o sol de Nano-

TiO2 transparente uniformemente distribuído.

A química do processo sol-gel pode ser representada da seguinte forma:

Está bem documentado que o alcóxido de titânio reage com a água através das reacções indicadas nas Eqs. (1) (2) (3) e (4).

Hidrólise:

$$Ti\ (OR)_n + H_2O \rightarrow Ti\ (OH)(OR)_{n-1} + ROH \quad (1)$$

$$Ti\ (OH)\ (OR)_{n-1} + H_2O \rightarrow Ti(OH)_2(OR)_{n-2} + ROH \quad (2)$$

Condensação:

$$\text{-Ti-OH} + \text{HO-Ti} \rightarrow \text{-Ti-O-Ti} + H_2O \quad (3)$$

$$\text{-Ti-OR} + \text{HO-Ti} \rightarrow \text{-Ti-O-Ti} + ROH \quad (4)$$

O processo de acabamento: O tecido de poliéster é processado por gás de iões de plasma com potência de 100KW, tempo de processamento de 10min, depois mergulha o tecido no sol de Nano- TiO2, a 60 °C, tempo de processamento de 40 min, depois seca a 80 °C.

Uma abordagem ligeiramente diferente para a produção de tecido de poliéster tratado com nanopartículas de TiO2 e SiO2 foi registada num estudo [115]. Os autores deste estudo desenvolveram um método simples, mas muito eficaz e versátil, para produzir uma tensão superficial desequilibrada ao longo da espessura dos tecidos e demonstraram que os tecidos têm a capacidade de transferir espontaneamente água unidireccionalmente através da arquitetura fibrosa. Foi utilizado um tecido de poliéster de trama simples (espessura de 520 mm) como amostra de membrana porosa.

O método proposto baseia-se numa tecnologia de revestimento por solução para formar uma camada super-hidrofóbica contendo TiO2 e sílica híbrida num tecido de poliéster, e subsequente exposição de um lado do tecido super-hidrofóbico a um feixe de UV de comprimento de onda múltiplo para tornar o lado do tecido irradiado hidrofílico, levando à formação de uma molhabilidade assimétrica através da espessura do tecido.

A solução de revestimento foi preparada por uma via sol-gel semelhante à da síntese de materiais híbridos TiO2/SiO2 a partir de tetraisopropóxido de titânio e tetraetilortosilicato [117], mas diferente na medida em que foram utilizados dois silanos orgânicos (hexadeciltrimetoxissilano e 3-trimetoxissililpropanotiol-1) (Fig. 12) para deixar grupos não hidrolisáveis no produto.

Através de um processo de revestimento por imersão, formou-se rapidamente uma fina camada de revestimento isolante composta por TiO2 e sílica híbrida com grupos hidrofóbicos hexadecil e 3-tiol propil através do tecido de poliéster. A Fig. 13 (painel direito) mostra as imagens de mapeamento de raios X dispersivos em energia do microscópio eletrónico de varrimento (SEM-EDX), indicando a formação de uma camada de revestimento uniforme. O ângulo de contacto superficial com a água aumentou para 170◦em ambos os lados do tecido após a formação do revestimento (painel esquerdo da Fig. 13).

A irradiação UV subsequente de um lado do tecido conduziu a uma série de reacções químicas catalisadas pelo TiO2 na parte irradiada da membrana [116,117], convertendo os grupos de superfície hidrofóbicos pré-formados na camada de revestimento em grupos hidrofílicos contendo oxigénio, incluindo o ácido sulfónico e o ácido carboxílico altamente absorventes de água.

Os autores não entrarão em pormenores relacionados com a transformação do tecido revestido em tecido hidrofílico, uma vez que isso não se enquadra no objetivo da presente análise. Pelo contrário, parece ser adequado encontrar uma forma prática e fácil de manter o nível de hidrofobicidade que foi alcançado, isto é, CA~170◦em ambos os lados do tecido de poliéster após o revestimento (Fig. 13). Uma dessas possibilidades é utilizar protectores de tecido UV, como o Ray Block UV Fabric Protetor, disponível comercialmente na Trek7, Inc (Upland, Califórnia, EUA) [118].

Capítulo 8

CONCLUSÃO

Em resumo, os autores analisaram a teoria da super-hidrofobicidade, bem como as abordagens básicas para a criação de superfícies hidrofóbicas para revestimentos anti-manchas e superfícies super-hidrofóbicas para aplicações anti-aderentes e de auto-limpeza. Foram analisados os principais aspectos da experiência de aumento de escala com materiais híbridos à base de polímeros e concluiu-se que o método sem fluoração para aumentar a hidrofobicidade das fibras de poliéster e poliamida tem o maior potencial em termos de necessidades práticas. Foi demonstrado que o processo sol-gel baseado na utilização de tetraisopropóxido de titânio e dois silanos orgânicos (hexadeciltrimetoxissilano e 3-trimetoxissililililpropanotiol-1, como materiais de partida, parece ser a via mais promissora para as aplicações industriais.

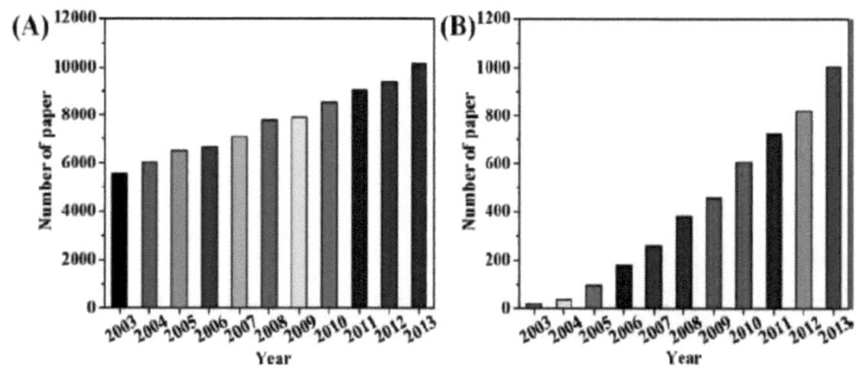

Fig. 1. Número de artigos publicados em dez anos (2003-2013) sobre o tema (A) hidrofobia/ou hidrofobicidade e (B) super-hidrofobia/ou super-hidrofobicidade [19]

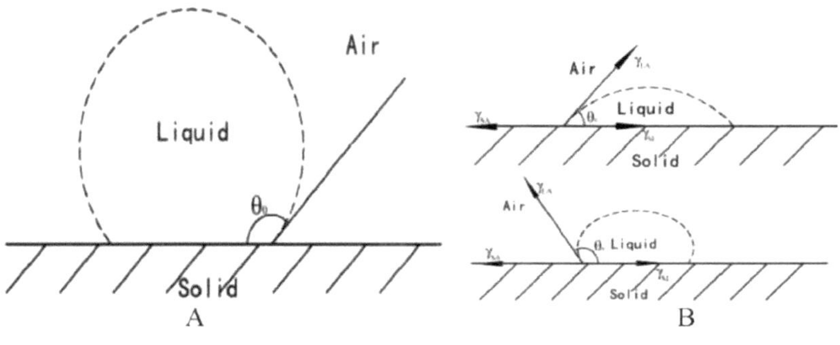

Fig. 2. A - Gota de líquido sobre um substrato plano; B - Esboço de um mapa que mostra uma derivação simples da equação de Young utilizando os vectores de tensão superficial para um líquido sobre um substrato sólido [36].

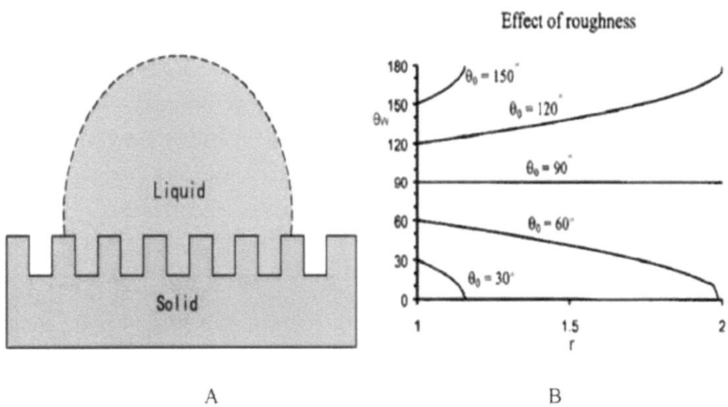

Fig. 3. A- Diagramas esquemáticos de gotículas de líquido em superfícies microestruturadas no regime homogéneo (Wenzel); B - Ângulo de contacto (θ_W) em função do fator de rugosidade (r) para vários CAs para uma superfície lisa (θ_0) [36].

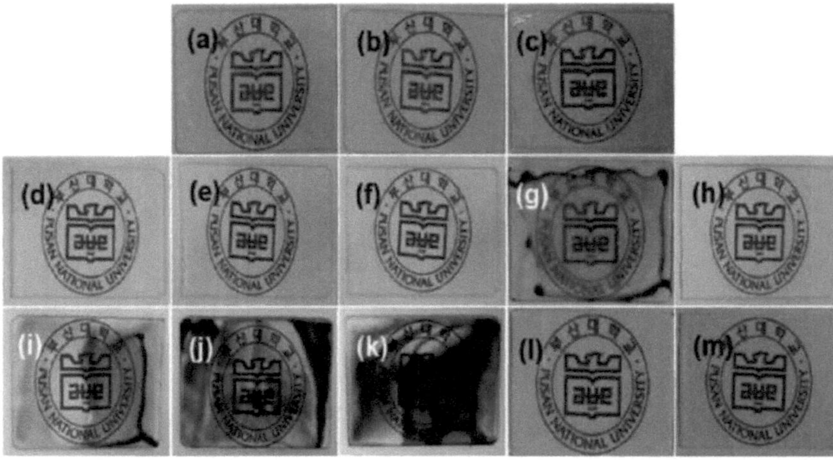

Fig.4(a-c) Imagens ópticas do substrato de poli(cloreto de vinilo) (PVC) revestido por centrifugação, curado à temperatura ambiente, a 80°C e a 150°C durante 24 h. (d-f) Substratos de metalopolímero de poli(cloreto de vinilo-g-ferrotrimetilolpropano tris(3-tiopropionato)) (PVCFeS) curados à temperatura ambiente, 40 °C, 80 °C durante 1 h, (g) 80 °C durante 24 h, (h e i) 100 °C durante 1 h e 7 h, (j) 120 °C durante 1 h e (k) 150 °C durante 30 min. (l e m) Substratos de metalopolímero PVCFeS funcionalizados com mercaptosílica (PVCFeS-SiSH) e PVCFeS funcionalizado com metilsílica (PVCFeS- SiMe) curados a 150°C durante 24 h. [7].

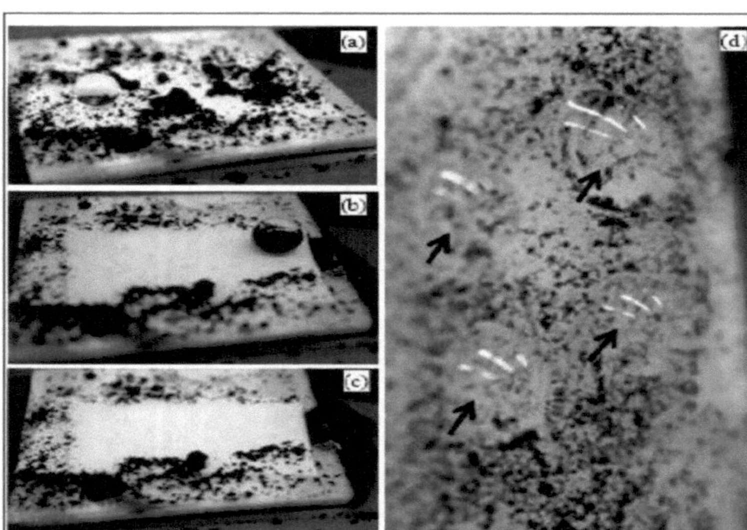

Fig. 5. O efeito de auto-limpeza das gotículas de água na superfície super-hidrofóbica do compósito TiO_2-

HDPE (a-c), e gotículas de água pegajosas (assinaladas) numa superfície plana normal de HDPE colocada verticalmente (d). Os contaminantes pretos são partículas finas de carbono com um tamanho médio de 1 μm [48].

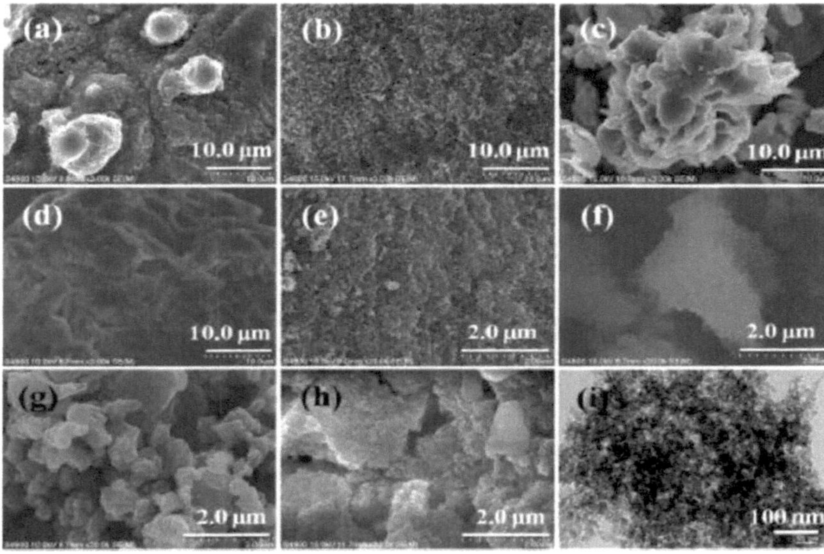

Fig. 6. Imagens de microscopia eletrónica de varrimento de alta resolução HRSEM de (a e b) LL nas superfícies frontal e posterior, (c) LL em pó, (d-f) LL em pó, PMHOS e LLP dispersos em etanol e fundidos num substrato de vidro. (g) PSiOr disperso em metanol. (h) Micro nanocompósitos híbridos LLPPSiOr dispersos em etanol/metanol. (i) Imagem HRTEM do pó de micro-nanocompósito híbrido LLPPSiOr disperso em etanol por sonicação durante 10 min [8].

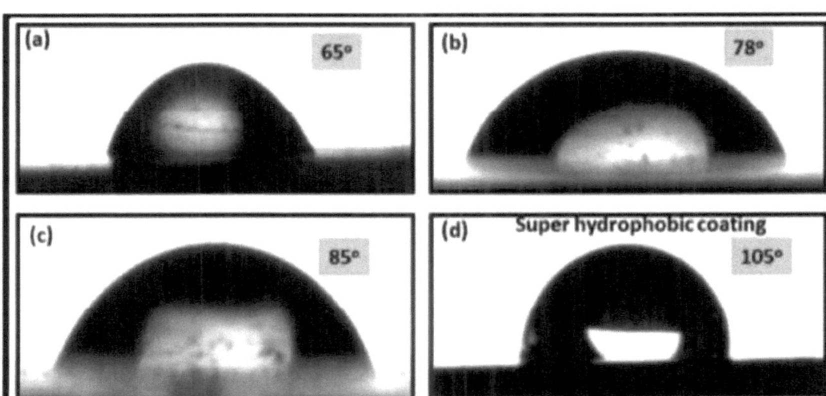

Fig. 7 Imagens do ângulo de contacto do CS revestido com (a) EGD-PA, (b) EGD-TIO2-PA-0,5, (c) EGD-TiO2-PA-1 e (d) revestimentos híbridos de nanocompósitos EGD-TiO2-PA-2 [52].

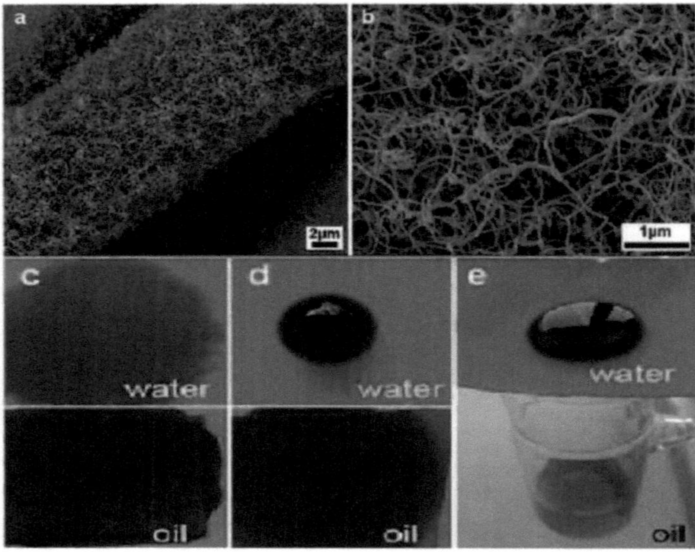

Fig. 8 (a e b) Imagens SEM de têxteis PET revestidos com SNF, imagens de gotas de água e óleo nos têxteis PET (c) não revestidos e (d) revestidos, (e) configuração experimental simples para a separação óleo/água [68].

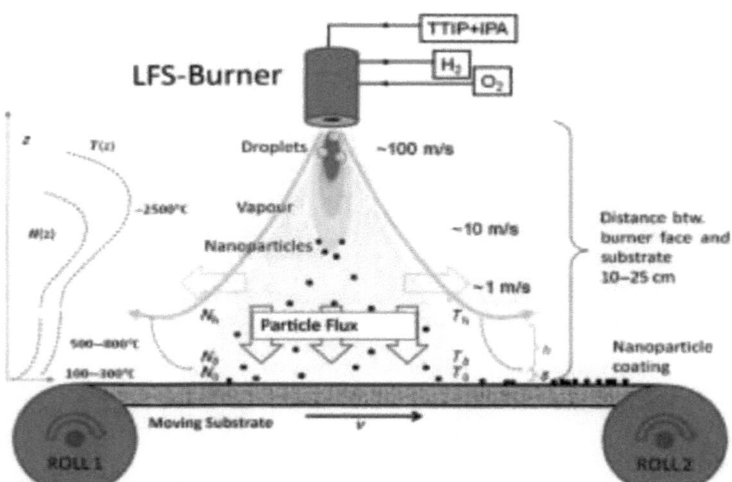

Fig. 9. Esquema do processo de revestimento LFS. O líquido precursor é alimentado por uma bomba de seringa. Os fluxos de hidrogénio (gás de atomização) e de oxigénio são controlados por controladores de fluxo

de massa. Também são apresentadas as duas alturas utilizadas no cálculo, a altura da camada limite δ acima da superfície do cartão e a altura da camada de transporte turbulento h, [81].

Fig.10. Vestuário isolante feito de nanocompósitos O-I: almofadas de dormir "Hyper Elite/Uber Elite" da Pacific Outdoor Equipment (produtos Aspen Aerogel®), botas de inverno "Tundra" / botas de snowboard "F22W" da Salomon (produtos Aspen Aerogel®), casaco "Quota Zero - EXTREME AEROGEL"da Grado Zero Espace: (Nanogelt™- Cabot Corporation®), "Champion

Supersuit" da Hanesbrands Inc. (ZERO-LOFT™- Aspen Aerogel® - e21®), garrafa isolada "Nanogelite" da Elite Srl (NanogelᵀM - Cabot Corporation), palmilhas isolantes "Toasty Feet"/almofadas de assento "PolarPad" da PolarWrap LLC: (produtos Aspen Aerogel®) [2].

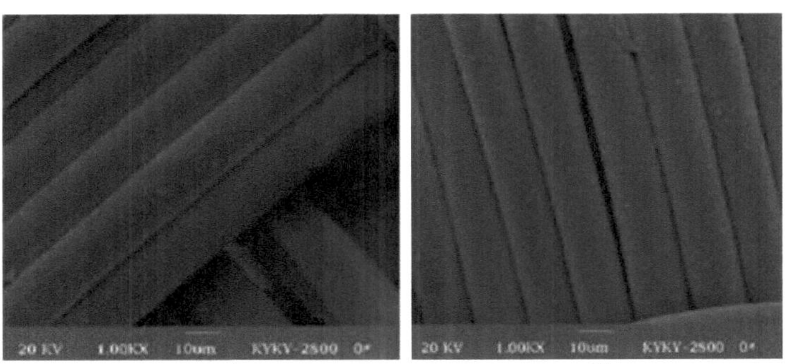

Fig. 11 Imagens SEM da distribuição da superfície de tecidos de poliéster: A- tecido inacabado; B- tecido acabado [114].

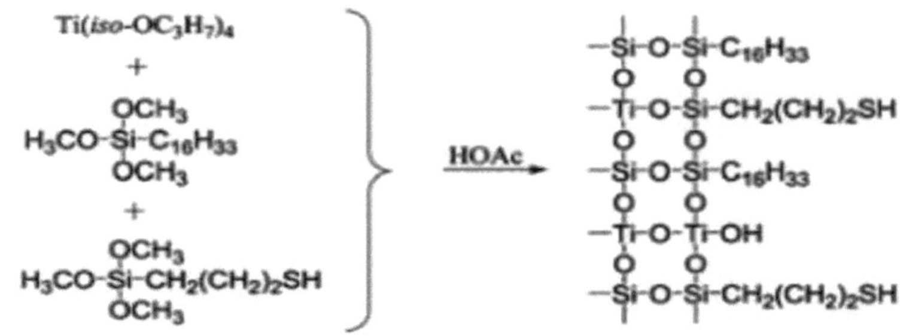

Fig.12. Formação do revestimento super-hidrofóbico [115].

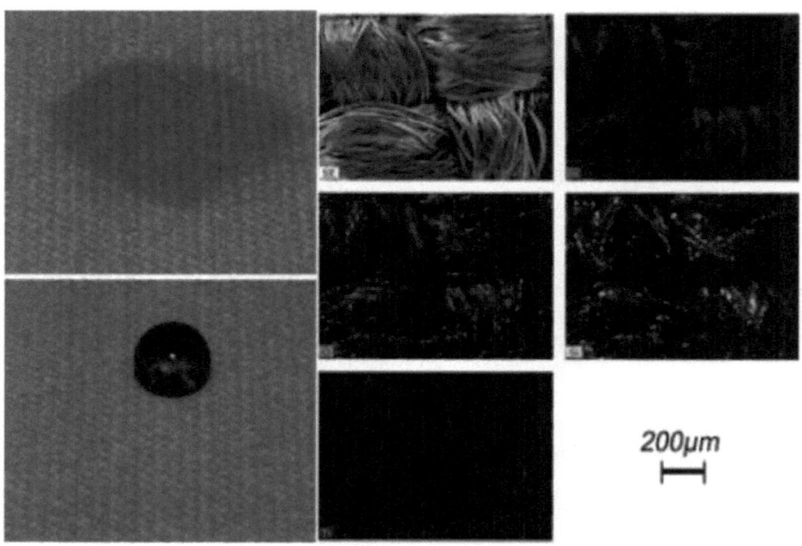

Fig.13. Imagens fotográficas digitais da água a espalhar-se no tecido de poliéster de trama simples (em cima, à esquerda) e a formar uma gota de água no tecido de poliéster revestido com TiO_2-sílica (em baixo, à esquerda), e mapeamento SEM-EDX dos elementos C, O, Si, S e Ti no tecido revestido (painel da direita) [115].

Quadro 1 Dois tipos de repelentes de água à base de solvente fabricados pela Shin Etsu Corporation [112].

Grade \ Parameter	Appearance	Viscosity mPa·s	Nonvolatile content (%) (105℃×3h)	Specific gravity 25℃	solvent	Catalysts with which softener are typically used
KS-7002	Colorless transparent liquid	20	54	0.95	Isopropyl alcohol	Self crosslinking
POLONCOAT-E	Colorless to pale yellow transparent liquid	15,000	27	0.9	Toluene	CAT-PG, CAT-PD

Quadro 2 . Dois tipos de catalisadores recomendados para a aplicação de repelentes de água à base de solventes [112].

Grade \ Parameter	Features	Appearance	Non-volatile matter content(%) (105℃×3h)	Standard blend ratios* (%)	Applicable textile treatments:
CAT- PG	Catalyst for waterproof coating agents Toluene solution. High activity. ※containing tin catalyst	Colorless to pale yellow transparent liquid	43	2-5	POLONCOAT-E
CAT- PD	Adhesion assistant. Reaction promoter. Ethanol solution.	Colorless to pale yellow transparent liquid	10*2	2-5	

*1: Standard blend ratios are indicated as X parts by weight to 100 parts of the main agent. (Not specified values)
*2: Amount of active ingredient (due to low boiling point of main ingredients)

Tabela 3. Temperaturas de secagem preparatória e de tratamento térmico [112].

Textile treatment agent	Preparatory drying temp. (°C)	Heat treatment temp. (°C)
POLONCOAT-E	50-80	120-180

●Times required for preparatory drying and heat treatment will vary depending on the condition of the textile being processed, but in most cases the following will serve as general guidelines.
Preparatory drying: 80-100 °C/2-5 min.
Heat treatment: 120-180 °C/1-5 min.

REFERÊNCIAS

1. C. Sanchez, B. Julian, P. Belleville e M. Popall, J. Mater. Chem., **15**, 3559-3592 (2005).
2. C. Sanchez, P. Belleville, M. Popall e L. Nicole, Chem. Soc. Rev., **40**, 696-753 (2011).
3. L.Nicole, L.Rozes, C.Sanchez , Adv. Mater, **22**,3208-3214 (2011)
4. A. Fahmi, T. Pietsch, C. Mendoza, N. Cheval, Mater. Today, **22**, 44-50 (2009).
5. S Nagappan, MC Choi, G Sung, SS Park, MS Moorthy, SW Chu, WK LeeS.Nagappan, C.S.Ha, Austin J.Chem Eng, **1**, 1003-1011 (2014).
6. S. Nagappan, J. J. Park, S. S. Park, S.-H. Hong, Y.S. Jeong, W.-K. Lee e C.-S. Ha, . Macromol Res., **21**: 669-680 (2013).
7. S. Nagappan, S. S. Park, E.-J. Yu, H.-J. Cho, J. J. Park, W.-K. Lee e C.-S. Ha, J. Mater. Chem. A, **1**, 12144-12153 (2013).
8. S. Nagappan, J. J. Park, S. S. Park, W.-K. Lee e C.-S. Ha, J. Mater. Chem. A, **1**, 67616769 (2013).
9. S. Nagappan, J. H. Park, A. R. Sung e C.-S. Ha, Compos Interfaces, **21**, 597-609 (2014).
10. S. Nagappan, A. R. Sung e C.-S. Ha, J. Bio-based Mater. Bioenergy, **8**, 175-183 (2014).
11. S.Nagappan, S.S.Park, C.S.Ha, J Nanosci Nanotechnol, **14**: 1441-1462 (2014).
12. C.R.Kagan, D.B.Mitzi, C.D.Dimitrakopoulos, Science, **286**: 945-947 (1999).
13. A.Yildirim, H. Budunoglu, M.Yaman, M.O.Gulerab, M. Bayindir, J. Mater. Chem., **21**, 14830-14837 (2011).
14. L.Xing, H.Zheng, Y. Cao, S.Che, . Adv Mater, **24**, 6433-6437 (2012).
15. S.C. Luo, S.S. Liour, H. Yu. Chem. Commun., **46**, 4731-4733 (2010).
16. E. Ueda, P. A. Levkin, Adv. Healthcare Mater, **2**, 1425-1429 (2013).
17. M. Liu e L. Jiang, Adv. Funct. Mater., **20**, 3753-3764 (2010).
18. J. Son, S.Kundu, L. K. Verma, M. Sakhuja, A. J. Danner, C. S. Bhatia, H.Yang, Solar Energy Mater Solar Cells, **98**, 46-51 (2012).
19. S.Nagappan, C.S.Ha, Austin J.Chem Eng, **1**, 1003-1011 (2014).
20. C. M. Hui, J. Pietrasik, M. Schmitt, C. Mahoney, J. Choi, M. R. Bockstaller e K. Matyjaszewski, Chem. Mater., **26**, 745-762 (2014).
21. J. Pyun e K. Matyjaszewski, Chem. Mater., **13**, 3436-3448 (2001).
22. Z. Yan, L. Ma, Y. Zhu, I. Lahiri, M. G. Hahm, Z. Liu, S. Yang, C. Xiang, W. Lu, Z. Peng, Z.Sun, C. Kittre, J. Lou, W. Choi, P. M. Ajayan e J. M. Tour, ACS Nano, **7,** 58-64 (2013).
23. S. Pandey e S. B. Mishra, J. Sol-Gel Sci. Technol, **59**, 73-94 (2011).
24. D.Yang, J. Li, Y. Xu, D.Wu, Y. Sun, H. Zhu, F. Deng, Microporous Mesoporous Mater. **, 95**, 180186 (2006).
25. J. Wen e G. L. Wilkes, Chem Mater, **8**, 1667-1681 (1996).

26. F.Hoffmann, M. Cornelius, J. Morell, M. Froba, Angew Chem Int Ed., **45**, 3216- 3251 (2006).
27. S.Rahane, R.Hensarling; B.Sparks, C. Stafford, D. Patton, J. Mater. Chem., **22**, 932-943 (2012).
28. X.-M. Li, D. Reinhoudt e M. Crego-Calama, Chem. Soc. Rev., **36**, 1350-1368 (2007).
29. T. Pirzada, S.A. Arvidson, C.D. Saquing, S. Sakhawat Shah, S.A. Khan, Langmuir, **28**, 5834-5844 (2012).
30. J.J. Li, J.G. Cao, Z.L. Wei, M. Yang, W.L. Yin, K. Yu, Y.T. Yao, H.B. Lv, X.D. He, J.S. Leng, J. Mater. Chem. **A 2**, 16569-16576 (2014).
31. R. Blossey, Nature Mater, **2**, 301-306 (2003).
32. F. Belva, S.Bourbigot, S. Duquesne, C. Jama, M. Le Bras, C. Pelegris, M. Rivenet, Polym. Adv. Tech., **17**, 304-311 (2006).
33. G.M. Gong, K. Gao, J.T. Wu, N. Sun, C. Zhou, Y. Zhao, L. Jiang, J. Mater. Chem. **A 3**, 713-718 (2015).
34. Y. Dinga, H. Houa, Y. Zhao, Z. Zhub, H. Fong, Progress Polym. Sci. **61**, 67-103 (2016).
35. B.-K. Chen,T.-M. Chiu, S.-Y. Tsay, J. Appl. Polym. Sci., **94**, 382-393 (2004).
36. B. Wang, Y. Zhang, L. Shi, J. Li e Z. Guo, J. Mater. Chem., 22, 20112-20127 (2012).
37. T. Onda, S. Shibuichi, N. Satoh e K. Tsujii, Langmuir, **12**, 2125-2127 (1996).
38. N.Barashkov, T.Sakhno, A.Semenov, Yu.Sakhno, Sci. Revs. Chem. Commun., **6**, 63-83 (2016).
39. R. N. Wenzel, Ind. Eng. Chem., **28**, 988-994 (1936).
40. A. B. D. Cassie e S. Baxter, Trans. Faraday Soc., **40**, 546-551 (1944).
41. N. A. Patankar, Langmuir, **20**, 7097-7102 (2004).
42. A. Marmur, Langmuir, **20**, 3517-3519 (2004).
43. M. M. Schwartz e S. Aircraft, Metals hand Book, 10th Ed, Metals Park, OH: ASM, **6** (1991) pp. 126-129.
44. J. N. Israelachvili, Intermolecular and Surface Forces, 2nd Ed, Academic Press, Londres (1992).
45. M. Nosonovsky e B. Bhushan, Microsyst. Technol., **11**, 535-549 (2005).
46. A. W. Adamson e A. P. Gast, Physical Chemistry of Surfaces, 6th Ed, Wiley-Interscience, New York (1997) pp. 347-379.
47. B. He, J. Lee e N. A. Patankar, Colloids Surf. A, **248**, 101-104 (2004).
48. Q. F. Xu, Y. Liu, F.-J. Lin, B. Mondal e A. M. Lyons, ACS Appl. Mater. Interfaces, **5**, 8915-8924 (2013).
49. W. Barthlott e C. Neinhuis, Planta, **202**, 1-8 (1997).
50. D. Quere, Nat. Mater., **1**, 14-20 (2002).
51. E. Bormashenko, Philos. Trans. R. Soc. A, **368**, 4695-4711 (2010).
52. A.Ghosalab, S. Ahmad, New J. Chem, **41**, 4599-4610 (2017).

53. Y. Xue, H. Wang, Y. Zhao, L. Dai, L. Feng, X. Wang e T. Lin, Adv. Mater., **22**, 4814-4818 (2010).

54. 527 V. Georgakilas, A. B. Bourlinos, R. Zboril e C. Trapalis, Chem. Mater., **20**, 2884-2886 (2008).

55. L. Wang, X. Zhang, B. Li, P. Sun, J. Yang, H. Xu e Y. Liu, ACS Appl. Mater. Interfaces, **3**, 12771281 (20110.

56. M. Shateri Khalil-Abad e M. E. Yazdanshenas, J. Colloid Interface Sci., **351**, 293-298 (2010).

57. S. Afzal, W. A. Daoud e S. J. Langford, J. Mater. Chem. A, **2**, 18005-18011 (2014).

58. B. C. Li, J. P. Zhang, L. Wu e A. Q. Wang, ChemPlusChem, **78**, 1503-1509 (2013).

59. C. H. Xue, Y. R. Li, P. Zhang, J. Z. Ma e S. T. Jia, ACS Appl.Mater. Interfaces, **6**, 10153-10161 (2014).

60. H. Hu, L. Gao, C. Chen e Q. Chen, Environ. Sci. Technol., **48**, 2928-2933 (2014).

61. Y. Wang, X. Li, H. Hu, G. Liu e M. Rabnawaz, J. Mater.Chem. A, **2**, 8094-8102 (2014).

62. M. A Shirgholami, M. Shateri-Khalilabad, M. E Yazdanshenas, Textile Res. J., **83** (2012) (http://journals.sagepub.com/doi/pdf/10.1177/0040517512444335),

63. S. Seeger, J. Zimmermann, G. Artus e S. Jung, WO2004113456, 2004.

64. G. R. J. Artus, S. Jung, J. Zimmermann, H. P. Gautschi, K. Marquardt e S. Seeger, Adv. Mater, **18**, 2758-2762 (2006).

65. J. Zimmermann, F. A. Reifler, U. Schrade, G. R. J. Artus e S. Seeger, Colloids Surf, A, **302**, 234240 (2007).

66. J. Zimmermann, F. A. Reifler, G. Fortunato, L.-C. Gerhardt e S. Seeger, Adv. Funct. Mater., **18**, 3662-3669 (2008).

67. J. P. Zhang e S. Seeger, Adv. Funct. Mater., **21**, 4699-4704 (2011).

68. L. Li, B. Li, J. Dongab e J. Zhang, J.Mater, Chem, A, **4**, 13677-13725 (2016).

69. M. E. Yazdanshenas e M. Shateri-Khalilabad, Ind. Eng. Chem. Res., **52**, 12846-12854 (2013).

70. H.Teisala "Multifunctional Superhydrophobic Nanoparticles Coatings for Cellulose-based Substrates by Liquid Flame Spray", Tese de Doutoramento, Universidade de Tecnologia de Tempere, Finlândia, 2013.

71. P.Roach, N.J. Shirtcliffe, M.I.Newton, Soft Matter, **4**, 224-240 (2008).

72. D.Quere, Annu. Rev. Mater. Res., **38**, 71-99 (2008).

73. X.Deng, L.Mammen, H.J. Butt, D. Vollmer, Science, **335**, 67-70 (2012).

74. H.Zhou, H.Wang, H. Niu, A.Gestos, X Wang, T. Lin, Adv. Mater., **24**, 2409-2412 (2012).

75. Y.Li, L. Li, J, Sun, Angew. Chem. Int. Ed. , **49**, 6129-6133 (2010).

76. H.Wang, Y. Xue, J. Ding, L. Feng, X.Wang, T.Lin, Angew. Chem. Int. Ed., **50**, 11433-11436

(2011).

77. H.Zhou, H.Wang, H. Niu, A.Gestos, T. Lin Robust, Adv. Funct. Mater. , **23**, 1664-1670 (2012).
78. E.Bittoun, A.Marmur, Langmuir , **28**, 13933-13942 (2012).
79. T.Verho, C.Bower, P. Andrew, S. Franssila, O. Ikkala, R.H.A. Ras, Adv. Mater. , **23**, 673-678 (2011).
80. D.Nystrom, J. Lindqvist, E.Ostmark, A,Hult, E.Malmstrom, E., . Chem. Commun., **34**, 3594-3596 (2006).
81. J. M. Makela, M,Aromaa, H. Teisala,, M. Tuominen, M. Stepien, J. J. Saarinen, M.Toivakka, e J. Kuusipalo, Aeros. Sci. Techn., **45**, 827-837 (2017).
82. J. M. Makela, M.Aromaa, A.Rostedt, T.J.Krinke, K.Janka, M.Marjamaki, J.Keskinen, Hum. Exp. Toxicol, **28**, 421-431 (2009).
83. J. M. Makela, H. Keskinen, T.Forsblom, J. Keskinen, J.Mater. Sci., **39**, 2783-2788 (2004).
84. H. Zhao e K. Y. Law, ACS Appl. Mater. Interfaces, **4**, 4288-4295 (2012).
85. T.Arbatan, L. Zhang, X,-Y. Fang, W. Shen, . Chem. Eng. J. **210**, 74-79 (2012)
86. Q. Gao, Q. Zhu,Y. Guo, Ind. Eng. Chem. Res., **48**, 9797-9803 (2009).
87. H.Wang, J. Ding, Y.Xue, X.Wang, T. Lin, J. Mater. Res., **25**, 1336-1343 (2011).
88. S.Li, S.Zhang, X. Wang, Langmuir , **24**, 5585-5590 (2008).
89. S.Wang, M. Li, Q. Lu, ACS Appl. Mater. Interfaces , **2**, 677-683 (2010).
90. H.Ogihara, J. Xie, J. Okagaki, T. Saji, Langmuir , **28**, 4605-4508 (2012).
91. J. Li, H. Wan, Y. Ye, H.Zhou, J.Chen, J.Appl. Surf. Sci., **261**, 470-472 (2012).
92. H.F.Hoefnagels, D. Wu, G. de With, W. Ming, Langmuir , **23**, 13158-13163 (2007).
93. A.Berendjchi, R.Khajavi, M.E.Yazdanshenas, Nanoscale Res. Lett., **6**, 594 (2011).
94. W.Stober, A.Fink, E,Bohn, J. Coll. Interface Sci., **26**, 62-69 (1968).
95. B.Xu, Z. Cai, Appl. Surf. Sci. **254**, 5899-5904 (2008).
96. A. C. Pierre e G. M. Pajonk, Chem. Rev, **102**, 4243-4265 (2002).
97. A. S. Dorcheh e M.H. Abbasi, J. Mater. Process. Technol, **199**, 10-26 (2008).
98. S. J. Kramer, F. Rubio-Alonso e J. D. Mackenzie. Mater. Res. Soc. Symp. Proc, **435**, 295-300 (1996).
99. K. Kanamori, M. Aizawa, K. Nakanishi e T. Hanada, Adv. Mater, **19**, 1589-1593 (2007).
100. A. V. Rao, N. D. Hegde e H. Hirashima, J. Coll. Interface Sci, **305**, 124-132 (2007).
101. N. Leventis, C. Sotiriou-Leventis, G. Zhang e A.-M. M. Rawashdeh, Nano Lett, **2**, 957960 (2002).
102. M. A. B. Meador, E. F. Fabrizio, F. Ilhan, A. Dass, G. Zhang, P. Vassilaras, J. C. Johnston e N. Leventis, Chem. Mater, **17**, 1085-1098 (2005).

103. F. Ilhan, E. F. Fabrizio, L. McCorkle, D. A. Scheiman, A. Dass, A. Palczer, M. A. B. Meador, J. C. Johnston e N. Leventis, J. Mater. Chem, **16**, 3046-3054 (2006).
104. F. Mammeri, E. Le Bourhis, L. Rozes e C. Sanchez, J. Mater. Chem, **15**, 3787-3811 (2005).
105.A. B. Morgan, Polym. Adv. Technol, **17**, 206-217 (2006).
106. R. A. Vaia e J. F. Maguire, Chem. Mater, **19**, 2736-2751 (2007).
107. H. Zou, S. Wu e J. Shen, Chem. Rev, **108**, 3893-3957 (2008).
108.B. Chen, J. R. G. Evans, H. C. Greenwell, P. Boulet, P. V. Coveney, A. A. Bowden e A.Whiting, Chem. Soc. Rev, **37**, 568-594 (2008).
109. H. Althues, J. Henle e S. Kaskel, Chem. Soc. Rev, **36**, 1454-1465 (2007).
110. E. P. Giannelis, Adv. Mater, **8**, 29-35 (1996).
111. M. Alexandre e P. Dubois, Mater. Sci. Eng, R, **28**, 1-63 (2000).
112. Tratamentos têxteis, Boletim da Shin Etsu Corporation, (www.shinetsusilicone-global.com/catalog/pdf/TextileTreatments e.pdf).
113. http://www.shinetsusilicone-global.com/products/type/fiber_processing/
114. H. Li, H. Deng e J. Zhao, Int. J. Chem, **1**, 57-62 (2009). ^
115. H. Wang, J. Ding, L. Dai, X. Wang e T. Lin, J. Mater. Chem, **20**, 7938-7940 (2010).
116. J. K. Walters, J. S. Rigden, P. J. Dirken, M. E. Smith, W. S. Howells e R. J. Newport, Chem. Phys. Lett, **264**, 539-544 (1997).
117. C. Anderson e A. J. Bard, J. Phys. Chem, **99**, 9882-9885 (1995).
118. Ray Block UV Fabric Protetor, www.trek7.com .

MIX
Papier aus verantwortungsvollen Quellen
Paper from responsible sources
FSC® C105338

Printed by Books on Demand GmbH, Norderstedt / Germany